AF898352

Transferencia de calor, masa y momentum

Casos de estudio

Claudio Gelmi Weston

Con la colaboración de
Pedro Saa Higuera

PONTIFICIA UNIVERSIDAD CATOLICA DE CHILE

EDICIONES UC

Transferencia de calor, masa y momentum

–Casos de estudio–

Por
Claudio Gelmi Weston

Con la colaboración de
Pedro Saa Higuera

EDICIONES UNIVERSIDAD CATÓLICA DE CHILE
Vicerrectoría de Comunicaciones y Educación Continua
Alameda 390, Santiago, Chile
editorialedicionesuc@uc.cl
www.ediciones.uc.cl

TRANSFERENCIA DE CALOR, MASA Y MOMENTUM: CASOS DE ESTUDIO

Claudio Gelmi Weston
con la colaboración de Pedro Saa Higuera

© Inscripción Nº 207.490
Derechos reservados
septiembre 2011
ISBN Nº 978-956-14-1210-1

Primera edición
Diseño de portada: Trinidad Montero
Impresor:
Salesianos Impresores S.A.

CIP-Pontificia Universidad Católica de Chile
Gelmi Weston, Claudio Andrés
Transferencia de calor, masa y momentum: casos de estudio / Claudio Gelmi Weston; con la colaboración de Pedro Saa Higuera.
Incluye bibliografía.
1. Transmisión del calor.
2. Transferencia de masa.
I. t.
2011 621.4022+ddc22 RCAA2

Índice general

Prólogo 7

1. **Transporte en geometrías simples**
   1.1. Transferencia de calor 11
      1.1.1. *La ventaja de los termopaneles* 11
      1.1.2. *Conducción unidireccional en serie* 12
      1.1.3. *Conductividad efectiva en materiales en paralelo* 14
      1.1.4. *Conducción en serie y paralelo* 16
      1.1.5. *Conducción con conductividad térmica variable* 17
      1.1.6. *Conducción en un bloque de cobre con generación* 18
      1.1.7. *Distribución de temperaturas en una placa rectangular* 19
      1.1.8. *Distribución de temperaturas en un alambre con aislante en su manto* 22
      1.1.9. *Pared de un reactor nuclear* 24
      1.1.10. *Pared con generación y condición de borde adiabática* 26
   1.2. Transferencia de masa 29
      1.2.1. *Difusión de feromonas en un pesticida* 29
      1.2.2. *Factibilidad técnica de un basural* 30
      1.2.3. *Columna de destilación* 32
      1.2.4. *Modelo de difusión de O_2 en los pulmones* 33
      1.2.5. *Análisis de un convertidor catalítico* 35
      1.2.6. *Barra porosa sometida a convección y reacción* 38
   1.3. Transporte de cantidad de movimiento 41
      1.3.1. *Fluido de viscosidad variable entre placas paralelas* 41
      1.3.2. *Escurrimiento en un plano inclinado* 42
      1.3.3. *Flux de momentum de dos fluidos inmiscibles entre placas paralelas* 44
      1.3.4. *Escurrimiento en un plano inclinado con viscosidad variable* 46
   1.4. Problemas propuestos 48

2. **Transporte en geometrías cilíndricas y esféricas**
   2.1. Transferencia de calor 53
      2.1.1. *Aislación de una cañería* 53

2.1.2. *Conducción en serie y paralelo en geometría esférica* 55
2.1.3. *Balance diferencial transiente sin generación en una esfera* 59
2.1.4. *Transferencia de calor en un contenedor esférico* 60
2.1.5. *Fricción en un disco de freno* 63
2.2. Transferencia de masa 66
2.2.1. *Evaporación de una gotita de agua* 66
2.2.2. *Reacción química en la superficie de un pellet* 68
2.2.3. *Combustión de una partícula de carbón esférica* 70
2.2.4. *Ecuación general de transferencia de masa para un gas ideal* 71
2.2.5. *Velocidad másica media* 72
2.3. Transporte de cantidad en movimiento 74
2.3.1. *Deducción del perfil de velocidades de un fluido newtoniano en una cañería inclinada* 74
2.3.1. *Bañado de un alambre* 76
2.3.1. *Perfil de temperatura de un fluido que circula por un intercambiador de calor* 82
2.3.1. *Perfil de velocidad en tubos concéntricos* 84
2.3.1. *Flujo radial entre dos discos paralelos* 86
2.3.1. *Escurrimiento en ducto horizontal de sección cuadrada* 91
2.3.1. *Flujo reptante alrededor de una esfera sólida* 92
2.3.1. Problemas propuestos 95

3. **Aplicaciones de transporte convectivo: transferencia de masa y calor**
3.1. Transferencia de calor 99
3.1.1. *Pérdidas de calor en una bodega* 99
3.1.2. *Conducción con condiciones de borde adiabática y convectiva* 101
3.1.3. *Enfriamiento de una esfera de acero: parámetros concentrados* 103
3.1.4. *Parámetros concentrados v/s parámetros distribuidos* 104
3.1.5. *La mejor manera de enfriar una lata de bebida* 110
3.1.6. *Transferencia de calor en un biorreactor batch* 116
3.1.7. *Condensación de vapor sobre una placa* 120
3.2. Transferencia de masa 122
3.2.1. *Evaporación de agua sobre una loza* 122
3.2.2. *Evaporación dentro de un recipiente* 124
3.2.3. *La estrategia de la gallina africana* 126
3.2.4. *Evaporación desde la pared de una cañería* 129
3.3. Problemas propuestos 133

4. **Radiación y mecanismo múltiples de transferencia de calor**
4.1. Radiación y convección 139
4.1.1. *Medición de la temperatura con una termocupla* 139
4.1.2. *Variación de la temperatura en una varilla cuando circula una corriente eléctrica* 140
4.1.3. *Análisis de la pared de un horno industrial* 141
4.1.4. *Descarga de vapor de oxígeno desde un contenedor esférico* 145
4.1.5. *Modelamiento de un colector solar plano* 148
4.1.6. *Temperatura al interior de un auto en verano* 150

A. **Formulario**
A.1. Ecuación de continuidad 153
A.2. Ecuación de balance de masa para una especie 155
A.3. Ecuación de energía 156
A.4. Ecuación de conservación de momentum – Ecuación de Navier-Stokes 157
A.5. Componentes del tensor de esfuerzos 159
A.6. Grupos adimensionales relevantes 161

B. **Respuestas problemas propuestos** 163

Bibliografía 165

Prólogo

Esta colección de problemas resueltos nació como una manera de facilitar la enseñanza y aprendizaje del curso Fenómenos de Transporte en la Escuela de Ingeniería de la Pontificia Universidad Católica de Chile. Varios de estos problemas han sido utilizados en interrogaciones, tareas o controles; otros han sido adaptados de alguno de los textos descritos en la bibliografía.

Por el hecho de ser esta la primera edición de *Transferencia de calor, masa y momentum –Casos de estudio*, estamos seguros de que existirán errores. Es por ello, que a través de la página web http://www.systemsbiology.cl/fdt, mantendremos informado al lector sobre cualquier errata o novedades del texto.

Un trabajo de este tipo no es posible sin la ayuda de otros. En especial, quisiéramos agradecer a la Srta. Mariajosé Vega Chieyssal, quien participó en la escritura del primer borrador y adaptó los problemas *Conductividad efectiva en materiales en paralelo* (Capítulo 1) y *Transferencia de calor en un contenedor esférico* (Capítulo 2). Al señor José Cuevas, por crear el problema *Factibilidad técnica en un basural* (Capítulo 1). A los alumnos del curso IIQ2002 Fenómenos de Transporte, clases del 2009-2011, quienes muy entusiastamente participaron en la corrección de los borradores. Al profesor Ricardo Pérez, quien fue el primer docente en impartir este curso en la Escuela de Ingeniería UC, y de quien recibí todo su apoyo para continuar con la enseñanza de este fascinante tópico. Por último, y no por ello menos importante, quisiera agradecer el apoyo entregado por el Fondo de Desarrollo de la Docencia de la Pontificia Universidad Católica de Chile, para la elaboración de este texto universitario.

Claudio Gelmi Weston, Ph.D.
Depto. de Ing. Química y Bioprocesos

Santiago, agosto de 2011

CAPÍTULO 1

Transporte en geometrías simples

1.1. Transferencia de calor

1.1.1. *La ventaja de los termopaneles*

Determine la razón de transferencia de calor q_1/q_2 al reemplazar una ventana típica por un sistema termopanel (Fig. 1.1). Para efectos de cálculo, solo considere fenómenos de conducción. Todos los vidrios poseen un espesor e.
Datos: $e = 0.004$ m; $L = 0.0095$ m; $k_{vidrio} = 1.4$ W/(mK); $k_{aire} = 0.0263$ W/(mK).

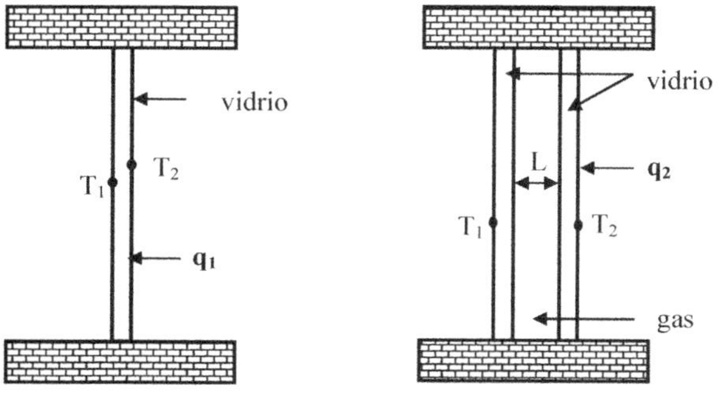

Figura 1.1: *Ventana con y sin termopanel.*

Solución

Supuestos:

- Transferencia de calor unidireccional y estado estacionario[1].
- A modo de simplificación, la resistencia del gas se modelará como un sólido. Es necesario destacar que existen correlaciones especiales para determinar propiedades de gases confinados (ver referencia [5]).

Caso 1: sin termopanel. Si consideramos que la transferencia de calor es desde T_1 a T_2, y que el área de transferencia es constante e igual a A, de acuerdo a la Ley de Fourier el calor transferido es:

$$q_1 = A \cdot k_{vidrio} \frac{(T_1 - T_2)}{e} \tag{1.1}$$

[1]En realidad, todos los problemas de este capítulo modelarán transferencia unidireccional en estado estacionario.

Caso 2: con termopanel. Haciendo las mismas suposiciones que en la parte anterior, se tiene que el flujo de calor desde T_1 a T_2 por cada una de las secciones es:

$$T_1 - T_i = \left(\frac{q_1}{A}\right) \cdot \frac{e}{k_{vidrio}} \tag{1.2}$$

$$T_i - T_e = \left(\frac{q_2}{A}\right) \cdot \frac{L}{k_{aire}} \tag{1.3}$$

$$T_e - T_2 = \left(\frac{q_3}{A}\right) \cdot \frac{e}{k_{vidrio}} \tag{1.4}$$

Dado que la transferencia de calor ocurre en estado estacionario, la energía que entra debe ser igual a la que sale, es decir:

$$q_1 = q_2 = q_3 \tag{1.5}$$

Sumando las ecuaciones (1.2), (1.3) y (1.4), y utilizando la relación (1.5) se obtiene:

$$T_1 - T_2 = \left(\frac{q_2}{A}\right)\left(\frac{2e}{k_{vidrio}} + \frac{L}{k_{aire}}\right)$$

$$q_2 = A \cdot \frac{(T_1 - T_2)}{\left(\frac{2e}{k_{vidrio}} + \frac{L}{k_{aire}}\right)} \tag{1.6}$$

Finalmente, dividiendo (1.1) por (1.6) y reemplazando los datos del problema, se obtiene que:

$$\frac{q_1}{q_2} = \frac{\frac{2e}{k_{vidrio}} + \frac{L}{k_{aire}}}{\frac{e}{k_{vidrio}}} = 128.4$$

1.1.2. *Conducción unidireccional en serie*

La pared de un horno se compone de: (1) una capa de material resistente al calor o ladrillo refractario, (2) una segunda capa de ladrillo aislante, y (3) una chapa de acero para protección mecánica. Suponiendo que las tres capas poseen un *contacto térmico perfecto* (i.e., no poseen resistencia de contacto):

(a) Calcule los espesores de las dos capas de ladrillo de manera que la pérdida de calor por la pared sea igual a 13560 kcal/(m^{2}h). El espesor de la capa de acero tiene un valor de 6.3 mm.

(b) Haga un esquema del perfil de temperatura en la pared, indicando claramente los valores de las temperaturas en cada interfase (i.e., T_2 y T_3).

Datos: Ladrillo refractario (1): $k = 5.36$ kcal/(mh°C), sin restricciones de temperatura para su uso; ladrillo aislante (2): $k = 2.68$ kcal/(mh°C), la temperatura máxima permitida es de 600°C; acero (3): $k = 39$ kcal/(mh°C), sin restricciones de temperatura para su uso.

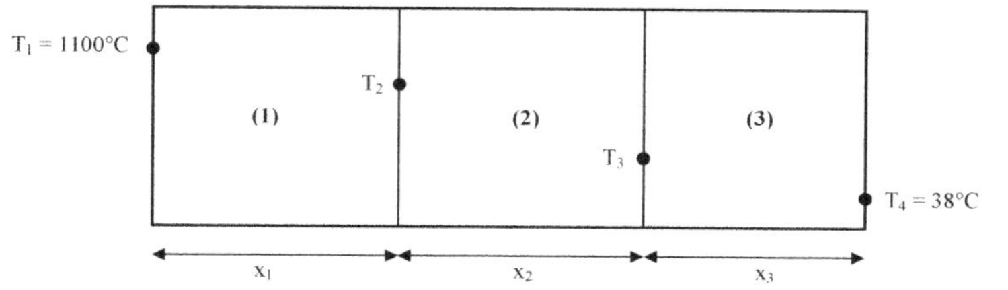

Figura 1.2: *Capas que componen la pared del horno.*

Solución

Supuestos

- Conducción unidireccional desde la cara (1) a la cara (3).
- Estado estacionario.

(a) La temperatura máxima permitida en la pared (2) es de 600°C. Dado que la transferencia de calor ocurre desde T_1 a T_4, asumiremos que $T_2 = 600$°C.

Aplicando la Ley de Fourier en cada material se obtiene:

$$\left(\frac{q_1}{A_1}\right) = k_1 \cdot \frac{(T_1 - T_2)}{x_1} \tag{1.7}$$

$$\left(\frac{q_2}{A_2}\right) = k_2 \cdot \frac{(T_2 - T_3)}{x_2} \tag{1.8}$$

$$\left(\frac{q_3}{A_3}\right) = k_3 \cdot \frac{(T_3 - T_4)}{x_3} \tag{1.9}$$

Dado que la transferencia de calor es unidireccional y el área de transferencia es constante, tendremos que:

$$\left(\frac{q_1}{A_1}\right) = \left(\frac{q_2}{A_2}\right) = \left(\frac{q_3}{A_3}\right) = \left(\frac{q}{A}\right) \tag{1.10}$$

Despejando x_1 de la ecuación (1.7) y reemplazando los valores dados en el problema se obtiene:

$$x_1 = \frac{5.36 \text{ kcal/(mh°C)}}{13560 \text{ kcal/(m}^2\text{h)}} \cdot (1100 - 600)\text{°C} = 0.197 \text{ m} \approx 0.20 \text{ m}$$

Luego, despejando T_3 de la ecuación (1.9) obtenemos que:

$$T_3 = 38\text{°C} + 13560 \text{ kcal/(m}^2\text{h)} \cdot \frac{6.3 \cdot 10^{-3} \text{ m}}{39 \text{ kcal/(mh°C)}} = 40.2\text{°C}$$

Finalmente, x_2 se obtiene de la ecuación (1.8)

$$x_2 = \frac{2.68 \text{ kcal/(mh°C)}}{13560 \text{ kcal/(m}^2\text{h)}} \cdot (600 - 40.2)\text{°C} = 0.11 \text{ m}$$

(b) El perfil de temperatura se observa en la Figura 1.3.

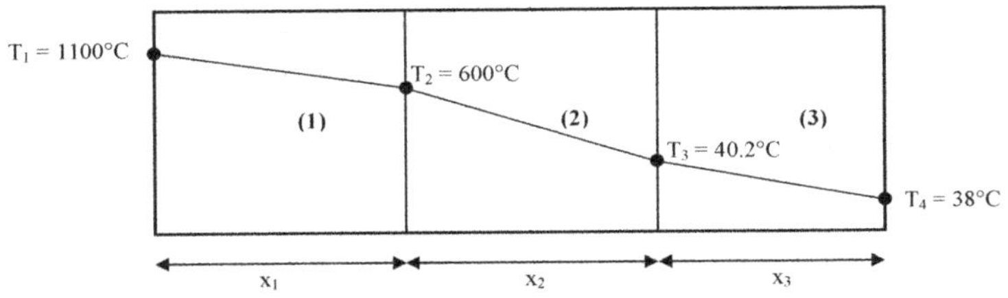

Figura 1.3: *Perfil de temperatura de la pared.*

1.1.3. *Conductividad efectiva en materiales en paralelo*

En una tarjeta de circuito impreso, una lámina de cobre (k_{cobre} = 386 W/(m°C)) de 0.76 mm de espesor e_{cobre} se encuentra rodeada por dos tarjetas de material epóxico ($k_{epóxico}$ = 0.26 W/(m°C)) de 2.5 mm de espesor, cada una. Ambos materiales epóxicos poseen una profundidad w = 17 cm y largo L = 22 cm. Si ambos extremos de la tarjeta se someten a un gradiente de temperatura, con el consiguiente flujo de q, ¿qué fracción del calor sería conducido por el cobre? Determine además, la conductividad efectiva (k_{eff}) del arreglo, si esta se define como la conductividad que tendría el arreglo si se modelara como un material homogéneo.

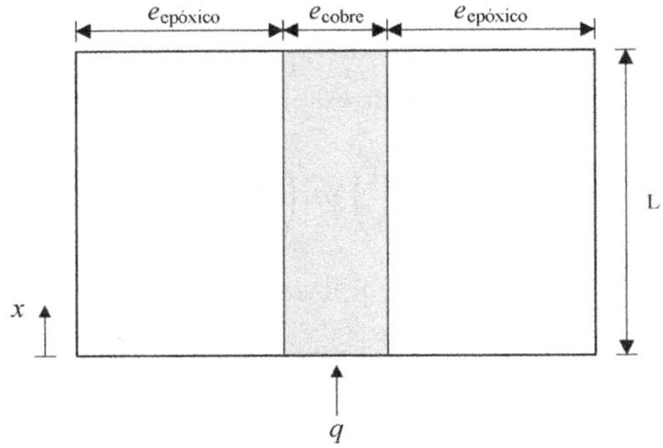

Figura 1.4: *Lámina de cobre entre las tarjetas de material epóxico.*

Solución

Supuestos

- No existen pérdidas de calor por los costados de las placas epóxicas.
- Estado estacionario y transferencia de calor unidireccional en la dirección x.
- Los extremos de las placas ($x = 0$ y $x = L$) se encuentran a una temperatura T_1 y T_2, respectivamente.

Como se muestra en la Figura 1.4, el calor es transferido en la dirección vertical, por lo tanto el calor total transferido se puede modelar como:

$$\begin{aligned} q &= q_{cobre} + 2q_{ep\acute{o}xico} \\ q &= \left(kA\frac{\Delta T}{L}\right)_{cobre} + 2\left(kA\frac{\Delta T}{L}\right)_{ep\acute{o}xico} \\ q &= \left[(k\cdot e)_{cobre} + 2(k\cdot e)_{ep\acute{o}xico}\right] w\frac{\Delta T}{L} \end{aligned} \tag{1.11}$$

Comparando el calor transferido por el cobre, q_{cobre}, con el total, q, se obtiene que la fracción transferida por el cobre es:

$$\frac{q_{cobre}}{q} = \frac{(k\cdot e)_{cobre}\, w\frac{\Delta T}{L}}{\left[(k\cdot e)_{cobre} + 2(k\cdot e)_{ep\acute{o}xico}\right] w\frac{\Delta T}{L}} = \frac{0.293}{0.295} = 0.99$$

Para resolver la segunda pregunta del problema, debe considerarse que la transferencia de calor ocurre a través de un material equivalente de ancho $e = e_{cobre} + 2e_{ep\acute{o}xico}$. La conductividad térmica efectiva (k_{eff}) puede expresarse como:

$$\begin{aligned} q &= \left(kA\frac{\Delta T}{L}\right)_{total} \\ q &= k_{eff}\left(e_{cobre} + 2e_{ep\acute{o}xico}\right) w\frac{\Delta T}{L} \end{aligned} \tag{1.12}$$

Igualando las ecuaciones (1.11) y (1.12), y simplificando, se obtiene:

$$k_{eff}\left(e_{cobre} + 2e_{ep\acute{o}xico}\right) = (k\cdot e)_{cobre} + 2(k\cdot e)_{ep\acute{o}xico}$$

Despejando y reemplazando la conductividad efectiva,

$$\begin{aligned} k_{eff} &= \frac{(k\cdot e)_{cobre} + 2(k\cdot e)_{ep\acute{o}xico}}{\left(e_{cobre} + 2e_{ep\acute{o}xico}\right)} \\ k_{eff} &= \frac{0.295\ \mathrm{W/^\circ C}}{(0.76 + 2\cdot 2.5)\cdot 10^{-3}\ \mathrm{m}} = 51.2\ \mathrm{W/(m^\circ C)} \end{aligned}$$

1.1.4. *Conducción en serie y paralelo*

Determine el flujo de calor q entre la cara que se encuentra a 300°C y aquella a 22°C. La pared está compuesta por cuatro materiales distintos, cuyas conductividades se detallan a continuación.
Datos: $k_A = 35$ W/(mK); $k_B = 12$ W/(mK); $k_C = 23$ W/(mK); $k_D = 5$ W/(mK).

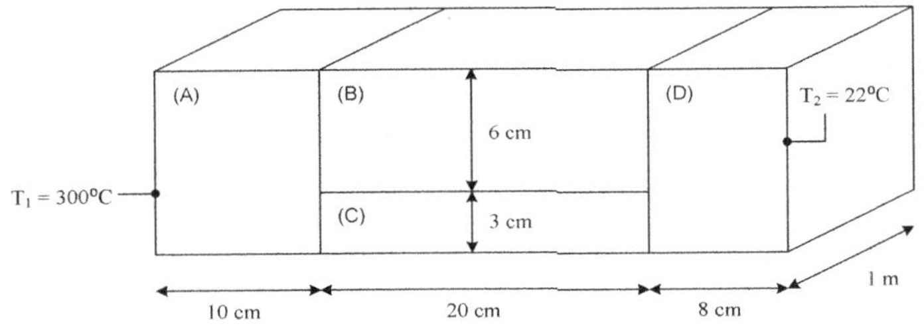

Figura 1.5: *Pared compuesta por múltiples materiales.*

Solución

Supuestos

- Estado estacionario y transferencia de calor unidireccional.

Considerando que la transferencia de calor es desde T_1 a T_2 y que el área de transferencia es constante e igual a A, el calor transferido es:

$$q_A = A \cdot k_A \frac{(T_1 - T_A)}{L_1}$$

$$T_1 - T_A = \left(\frac{q_A}{A}\right) \cdot \frac{L_1}{k_A} \quad (1.13)$$

En la segunda sección de transferencia se debe cumplir en estado estacionario que,

$$q_2 = q_B + q_C \quad (1.14)$$

El calor transferido en cada una de estas secciones es:

$$q_B = A_B \cdot k_B \frac{(T_A - T_B)}{L_2} \quad (1.15)$$

$$q_C = A_C \cdot k_C \frac{(T_A - T_B)}{L_2} \quad (1.16)$$

Sumando las ecuaciones (1.15) y (1.16), y utilizando la relación (1.14), se obtiene que:

$$q_2 = \frac{(T_A - T_B)}{L_2} \cdot (A_B k_B + A_C k_C)$$

$$T_A - T_B = \frac{q_2 L_2}{(A_B k_B + A_C k_C)} \quad (1.17)$$

Para la última sección del bloque se tiene:

$$\begin{aligned} q_D &= A \cdot k_D \frac{(T_B - T_2)}{L_3} \\ T_B - T_2 &= \left(\frac{q_D}{A}\right) \cdot \frac{L_3}{k_D} \end{aligned} \tag{1.18}$$

Por otra parte, el calor transferido entre A y D debe cumplir con la condición de estado estacionario,

$$q_A = q_2 = q_D = q \tag{1.19}$$

Sumando (1.13), (1.17) y (1.18), y ocupando la relación (1.19), se tiene que:

$$T_1 - T_2 = q\left(\frac{L_1}{Ak_A} + \frac{L_2}{A_B k_B + A_C k_C} + \frac{L_3}{Ak_D}\right)$$

Finalmente, despejando el flujo de calor q y reemplazando por los datos del enunciado, resulta:

$$q = \frac{T_1 - T_2}{\dfrac{L_1}{Ak_A} + \dfrac{L_2}{A_B k_B + A_C k_C} + \dfrac{L_3}{Ak_D}} = 791.2 \text{ W}$$

1.1.5. *Conducción con conductividad térmica variable*

Con el fin de disminuir las pérdidas de calor en un horno industrial, sus paredes son fabricadas con un material refractario, cuya conductividad térmica aumenta con la temperatura, según la siguiente relación algebraica:

$$k = a + b \cdot T \left[\frac{\text{W}}{\text{mK}}\right]$$

El espesor de la capa refractaria es L y las temperaturas internas y externas del horno son T_1 y T_2 , respectivamente. Si el *flux* de calor es $(q/A)_x$, determine la posición, medida desde la superficie interna, en donde se registra una temperatura igual a T_m.
Datos: $L = 0.3$ m; $T_1 = 1093$°C; $T_2 = 93$°C; $T_m = 300$°C; $a = 0.11$ W/(m°C); $b = 5 \cdot 10^{-5}$ W/(m°C^2).

Solución

Supuestos

- Estado estacionario y transferencia de calor unidireccional.

- Área de transferencia constante (i.e., *flux* constante).

La expresión para la Ley de Fourier establece que:

$$\left(\frac{q}{A}\right)_x = -k \cdot \frac{dT}{dx}$$

En este caso, se tiene que $k = k(T)$. Haciendo uso de los supuestos del problema, se tiene que:

$$\begin{aligned} -\left(\frac{q}{A}\right)_x \int dx &= \int k(T)\, dT \\ C_1 - \left(\frac{q}{A}\right)_x x &= aT + \frac{b \cdot T^2}{2} \end{aligned}$$

Donde C_1 corresponde a una constante de integración. Evaluando en la condición de borde $T(x = 0) = T_1 = 1093°\text{C}$, se obtiene,

$$C_1 = aT_1 + \frac{b \cdot T_1^2}{2} = 150.1 \text{ W/m} \tag{1.20}$$

Utilizando la otra condición de borde, $T(x = L) = T_2 = 93°\text{C}$, se obtiene el *flux* de calor

$$\begin{aligned} C_1 - \left(\frac{q}{A}\right)_x L &= aT_2 + \frac{b \cdot T_2^2}{2} \\ \left(\frac{q}{A}\right)_x &= \frac{1}{L}\left(C_1 - aT_2 - \frac{b \cdot T_2^2}{2}\right) = 465.5 \text{ W/m}^2 \end{aligned} \tag{1.21}$$

Finalmente, usando los resultados (1.20) y (1.21), se tiene que la temperatura T_m se alcanza en la posición:

$$\begin{aligned} x_m &= \frac{C_1 - aT_m - 0.5bT_m^2}{\left(\frac{q}{A}\right)_x} \\ x_m &= 0.26 \text{ m} \end{aligned}$$

1.1.6. *Conducción en un bloque de cobre con generación*

Considere un bloque de cobre de largo igual a L. La cara izquierda (1) se encuentra a una temperatura uniforme T_1. El área de flujo de calor de la pieza es igual a $6 \cdot 10^{-4}$ m^2.
(a) Encuentre el *flux* de calor si la cara 2 se encuentra a 0°C.
(b) Asumiendo que el *flux* de calor encontrado en (a) se mantiene constante y entra por la cara 1, encuentre el *flux* de calor que sale por la cara 2, si ahora existe una generación uniforme dentro del bloque, igual a $1.5 \cdot 10^6$ J/(m^{3}s).

<u>*Datos*</u>: $k_{cobre} = 380$ W/(mK); $T_1 = 100$°C; $L = 10$ cm.

Solución

Supuestos

- Flujo estacionario y unidireccional.

(a) Utilizando la Ley de Fourier para la transferencia de calor se obtiene:

$$\left(\frac{q}{A}\right)_x = -k \cdot \frac{dT}{dx} = k \cdot \frac{(T_1 - T_2)}{\Delta x} = \frac{380 \text{ W/(mK)}}{10^{-1} \text{ m}} \cdot (100 - 0) \text{ K} = 3.8 \cdot 10^5 \text{ W/m}^2 \quad (1.22)$$

(b) Para encontrar el *flux* de calor por la cara 2, simplemente se plantea la ecuación de balance integral,

$$\left(\frac{q}{A}\right)_{x2} = \left(\frac{q}{A}\right)_{x1} + \frac{\dot{g} \cdot V}{A} \quad (1.23)$$

Donde el término de acumulación es cero, ya que el sistema se encuentra en estado estacionario. Reemplazando el valor de $(q/A)_x$ en la cara 1 de la ecuación (1.23), y considerando que el área del flujo es constante se obtiene:

$$\left(\frac{q}{A}\right)_{x2} = 3.8 \cdot 10^5 \text{ W/m}^2 + \frac{1.5 \cdot 10^6 \text{ J/(m}^3\text{s)}}{\cancel{6 \cdot 10^{-4} \text{ m}^2}} \cdot \cancel{6 \cdot 10^{-4} \text{ m}^2} \cdot 10^{-1} \text{ m}$$

Finalmente, se obtiene que el *flux* en la cara 2 es igual a $(q/A)_{x2} = 5.3 \cdot 10^5$ W/m^2.

1.1.7. *Distribución de temperaturas en una placa rectangular*

Una placa delgada de longitud L, espesor E y ancho W se une térmicamente a dos grandes sumideros de calor que se mantienen a una temperatura constante T_0. La parte inferior de la placa se encuentra bien aislada, mientras que se sabe que el flujo de calor *por unidad de área* hacia la superficie de la placa tiene un valor uniforme q_0'' (W/m^2) (ver Fig. 1.6).
(a) Derive una ecuación diferencial que modele la distribución de temperatura, en estado estacionario, a lo largo de la placa. Plantee las condiciones de borde respectivas. Asuma que la placa posee una conductividad k y que la conducción es unidireccional (x) en la barra.
(b) Resuelva dicha ecuación diferencial y obtenga $T(x)$.
(c) Calcule la transferencia de calor desde la placa a los sumideros.
(d) Determine la temperatura máxima en la placa y el lugar donde esto ocurre.

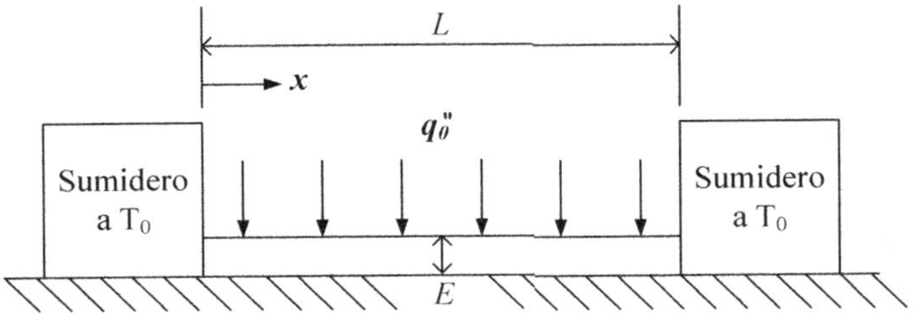

Figura 1.6: *Esquema de la placa.*

Solución

(a) Para resolver este problema, realizamos un balance en un volumen de control diferencial en la placa plana. Para ello consideremos que el volumen de control es $\Delta V = A \cdot \Delta x$, donde el área perpendicular al flujo de calor en la placa es $A = W \cdot E$. A continuación, el balance de energía aplicado a un elemento de volumen diferencial:

$$\begin{aligned} \text{entrada} - \text{salida} + \cancelto{0}{\text{generación}} - \cancelto{0}{\text{consumo}} &= \cancelto{0}{\text{acumulación}} \\ \text{entrada} - \text{salida} &= 0 \end{aligned} \tag{1.24}$$

Reemplazando los términos de entrada y salida de (1.24) por las expresiones de flujo de calor correspondientes, se obtiene que:

$$q_0'' \cdot \Delta x W - kA \cdot \left.\frac{dT}{dx}\right|_{x=x} + kA \cdot \left.\frac{dT}{dx}\right|_{x=x+\Delta x} = 0 \tag{1.25}$$

Dividiendo la ecuación (1.25) por $kA\Delta x$ y reordenando, se obtiene:

$$\frac{\left.\frac{dT}{dx}\right|_{x=x+\Delta x} - \left.\frac{dT}{dx}\right|_{x=x}}{\Delta x} = -\frac{q_0''}{kE} \tag{1.26}$$

Ahora, si tomamos el límite de (1.26) cuando $\Delta x \to 0$ se tiene:

$$\begin{aligned} \lim_{\Delta x \to 0} \frac{\left.\frac{dT}{dx}\right|_{x=x+\Delta x} - \left.\frac{dT}{dx}\right|_{x=x}}{\Delta x} &= \frac{d^2T}{dx^2} \\ \frac{d^2T}{dx^2} &= -\frac{q_0''}{kE} \end{aligned} \tag{1.27}$$

Las condiciones de borde en la placa son:

$$\begin{aligned} \text{C.B. (1): } T(x=0) &= T_0 \\ \text{C.B. (2): } T(x=L) &= T_0 \end{aligned}$$

(b) Con los valores anteriores podemos resolver la ecuación (1.27) integrando dos veces. Luego de la primera integración, obtenemos:

$$\frac{dT}{dx} = C_1 - \frac{q_0''}{kE} \cdot x \tag{1.28}$$

Donde C_1 corresponde a la primera constante de integración. Integrando ahora (1.28), se obtiene:

$$T(x) = C_2 + C_1 \cdot x - \frac{q_0''}{2kE} \cdot x^2 \tag{1.29}$$

Donde C_2 es la segunda constante de integración. Para determinar los valores de C_1 y C_2, utilizamos las dos condiciones de borde enunciadas anteriormente. Usando la C.B. (2) se tiene que C_2 es:

$$T(x=0) = T_0 = C_2 \tag{1.30}$$

Ahora usamos la primera condición de borde C.B. (1) y el valor de C_2 encontrado antes para determinar C_1:

$$\begin{aligned} T(x=L) &= T_0 = T_0 + C_1 L - \frac{q_0'' L^2}{2kE} \\ C_1 &= \frac{q_0'' L}{2kE} \end{aligned} \tag{1.31}$$

Reemplazando las ecuaciones (1.31) y (1.30) en (1.29), se llega al perfil buscado:

$$T(x) = T_0 - \frac{q_0''}{2kE}\left(x^2 - Lx\right) \tag{1.32}$$

(c) La transferencia de calor desde la placa a los sumideros se calcula como:

$$\begin{aligned} q_{x=0} &= -k \cdot (W \cdot E) \left.\frac{dT}{dx}\right|_{x=0} = -\frac{q_0'' W L}{2} \\ q_{x=L} &= -k \cdot (W \cdot E) \left.\frac{dT}{dx}\right|_{x=L} = \frac{q_0'' W L}{2} \end{aligned}$$

De aquí se obtiene que el flujo total a los sumideros es:

$$\begin{aligned} q_{total} &= |q_{x=0}| + |q_{x=L}| \\ q_{total} &= q_0'' W L \end{aligned}$$

(d) Para determinar la temperatura máxima en la placa, podemos derivar e igualar a cero el perfil de temperatura encontrado en (1.32) y luego despejar la posición x_{max}. También podemos reemplazar C_1 en la ecuación (1.28), igualar a cero y despejar la posición que maximiza a la temperatura. Sea cual sea el camino utilizado, el resultado es:

$$\begin{aligned} \left.\frac{dT}{dx}\right|_{x=x_{max}} &= 0 \\ -\frac{q_0''L}{2kE}(2x_{max}-L) &= 0 \\ x_{max} &= \frac{L}{2} \end{aligned}$$

Este valor era esperado, dada la simetría del problema.

1.1.8. *Distribución de temperatura en un alambre con aislante en su manto*

Dos placas planas paralelas se encuentran a una temperatura T_0. Las placas están unidas por un alambre de cobre de conductividad k, diámetro D y largo L, el cual ha sido aislado térmicamente, como lo indica la Figura 1.7. La resistencia eléctrica total promedio en el rango de trabajo es $\bar{R}$ (Ohm) y la temperatura máxima que puede soportar el alambre es T_m. Asuma que el término de generación de calor –producto del paso de una corriente eléctrica– es conocido e igual a $\dot{g}$ (W/m^3). Encuentre la distribución de temperatura $T(x)$ y la corriente máxima que puede circular por el alambre.

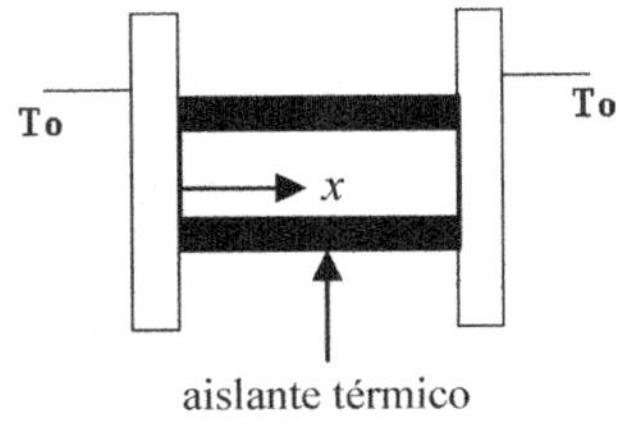

Figura 1.7: *Alambre aislado térmicamente.*

Solución

Supuestos

- El flujo de calor ocurre en la dirección x en estado estacionario.
- La conductividad eléctrica del alambre es constante e igual a k.

- La generación de calor es uniforme e igual a $\dot{g}$.

Para resolver este problema podemos usar la ecuación (A.14) del Apéndice. Tomando en cuenta los supuestos del problema, se tiene que esta ecuación se simplifica a la siguiente expresión diferencial (el mismo resultado se obtendría al plantear un volumen de control diferencial en el alambre, para luego seguir la misma metodología del problema anterior):

$$\dot{g} = -k \cdot \frac{d^2T}{dx^2} \tag{1.33}$$

La cual está sujeta a las siguientes condiciones de borde:

C.B. (1):	para $x = 0$,	$T = T_0$
C.B. (2):	para $x = L$,	$T = T_0$

Integrando la ecuación (1.33) se tiene:

$$\frac{dT}{dx} = C_1 - \frac{\dot{g}x}{k} \tag{1.34}$$

Donde C_1 corresponde a la primera constante de integración. Integrando nuevamente,

$$T(x) = C_2 + C_1x - \frac{\dot{g}x^2}{2k} \tag{1.35}$$

Ahora podemos aplicar las condiciones de borde C.B. (1) y C.B. (2), para obtener las constantes de integración:

$$C_1 = \frac{\dot{g}L}{2k} \tag{1.36}$$

$$C_2 = T_0 \tag{1.37}$$

Reemplazando (1.36) y (1.37) en (1.35), se tiene que el perfil de temperatura es:

$$T(x) = T_0 + \frac{\dot{g}Lx}{2k} - \frac{\dot{g}x^2}{2k} \tag{1.38}$$

Ahora, para poder encontrar el valor de la corriente máxima que puede circular por el alambre, primero debemos encontrar el valor de la temperatura máxima. Así, si derivamos la expresión (1.38) con respecto a x y despejamos x_{max}:

$$\frac{\dot{g}L}{2k} - \frac{\dot{g}x_{max}}{4k} = 0$$

$$x_{max} = \frac{L}{2} \tag{1.39}$$

Este último resultado era de esperarse, dada la simetría del problema. Si reemplazamos el valor de x_{max} en la ecuación (1.38), se obtiene la temperatura máxima que alcanza el alambre:

$$T_{max} = T(x = L/2) = T_0 + \frac{q_0''L^2}{8kE}$$

De acuerdo a las especificaciones técnicas, esta temperatura no puede ser superior a T_m. Por lo tanto, se tiene que:

$$T_m \geq T_0 + \frac{\dot{g}L^2}{8k}$$

La generación de calor buscada, $\dot{g}_{max}$, transformará la desigualdad en igualdad, con lo cual tendremos que:

$$\dot{g}_{max} = \frac{8k\left(T_m - T_0\right)}{L^2} \left[\frac{\mathrm{W}}{\mathrm{m}^3}\right] \tag{1.40}$$

De este modo, se tiene que la corriente eléctrica máxima que puede circular por el alambre es:

$$\begin{aligned} \dot{g}_{max} &= \frac{\bar{R}I_{max}^2}{Volumen} \\ I_{max} &= \sqrt{\frac{V\dot{g}_{max}}{\bar{R}}} = \sqrt{\frac{2k\pi D^2\left(T_m - T_0\right)}{L\bar{R}}} \end{aligned}$$

1.1.9. *Pared de un reactor nuclear*

Considere una pared plana de espesor L que actúa como protección para un reactor nuclear. La superficie interna ($x = 0$) recibe radiación gama que se absorbe parcialmente dentro de la coraza y tiene el efecto de una fuente de calor distribuida internamente. En particular, se genera calor por unidad de volumen dentro de la coraza de acuerdo con la relación:

$$\dot{q}(x) = \dot{q}_o\alpha \exp\left(-\alpha x\right)$$

donde $\dot{q}_o$ es el flujo de radiación incidente y α es una propiedad (coeficiente de absorción) del material de la coraza.
(a) Si las superficies interna ($x = 0$) y externa ($x = L$) de la coraza se mantienen a temperaturas T_1 y T_2, respectivamente, ¿cuál es la forma de la distribución de temperatura dentro de la coraza?
(b) Obtenga la posición x_{max} en donde se alcanza la temperatura máxima en el interior de la coraza.

Solución

Supuestos

- La transferencia de calor es unidireccional en la dirección x en estado estacionario.

(a) Para resolver este problema recurrimos nuevamente a la ecuación (A.14) del Apéndice A. Utilizando los supuestos antes mencionados, la ecuación diferencial que modela los perfiles de temperatura en la coraza es la siguiente:

$$\frac{d^2T}{dx^2} = -\frac{\dot{q}_o\alpha \exp\left(-\alpha x\right)}{k} \tag{1.41}$$

La ecuación (1.41) está sujeta a las siguientes condiciones de borde:

$$\begin{aligned} \text{C.B. (1): } T(x=0) &= T_1 \\ \text{C.B. (2): } T(x=L) &= T_2 \end{aligned}$$

Integrando la ecuación (1.41) con respecto a x se obtiene:

$$\frac{dT}{dx} = C_1 + \frac{\dot{q}_o \exp(-\alpha x)}{k}$$

Donde C_1 corresponde a una constante de integración. Integrando nuevamente esta última ecuación:

$$T(x) = C_2 + C_1 x - \frac{\dot{q}_o \exp(-\alpha x)}{\alpha k} \tag{1.42}$$

Ambas constantes, C_1 y C_2, se determinan a partir de las condiciones de borde C.B. (1) y C.B. (2). Utilizando estas dos ecuaciones en la ecuación (1.42), se obtiene el perfil de temperatura buscado:

$$T(x) = T_1\left(1 - \frac{x}{L}\right) + \frac{T_2 x}{L} + \frac{\dot{q}_o}{\alpha k}\left[1 - \exp(-\alpha x) + \frac{x}{L}\left(\exp(-\alpha L) - 1\right)\right] \tag{1.43}$$

Cualitativamente, el perfil de temperatura podría ser como el que se muestra a continuación[2]:

[2]Ver sección *Problemas resueltos del libro usando MATLAB* en http://www.systemsbiology.cl/fdt

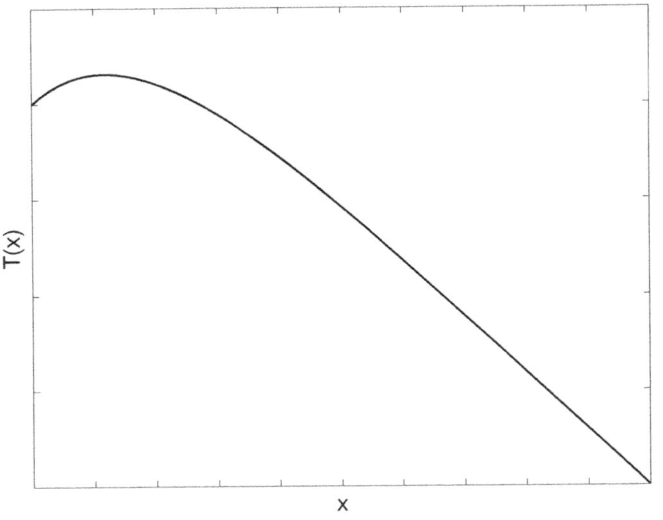

Figura 1.8: *Perfil de temperatura en la pared del reactor.*

(b) Para encontrar x_{max}, podemos derivar el perfil encontrado en (a) con respecto a x, y luego igualar la ecuación a cero:

$$\left.\frac{dT}{dx}\right|_{x=x_{max}} = 0$$

$$\left.\frac{dT}{dx}\right|_{x=x_{max}} = \frac{\dot{q}_o \exp(-\alpha x)}{k} + \frac{1}{L}(T_2 - T_1) + \frac{\dot{q}_o}{\alpha k L}(\exp(-\alpha L) - 1)$$

$$x_{max} = \frac{1}{\alpha} \ln\left(\frac{\dot{q}_o \alpha L}{\alpha k (T_1 - T_2) + \dot{q}_o (1 - \exp(-\alpha L))}\right)$$

1.1.10. *Pared con generación y condición de borde adiabática*

Considere una pared de ancho $L = 0.05$ m, como se indica en la Figura 1.9. La cara izquierda de la pared ($x = 0$) se encuentra aislada, mientras que la cara derecha ($x = L$) es mantenida a una temperatura de 30°C. La conductividad térmica del material de la pared es $k = 30$ W/(m°C), y la tasa de calor generado al interior de la pared depende de la posición x, de acuerdo a la expresión $\dot{g}(x) = \dot{g}_0 e^{-0.5x/L}$ W/m^3, donde $\dot{g}_0 = 8 \cdot 10^6$ W/m^3. Asumiendo estado estacionario y conducción unidireccional:
(a) Encuentre la ecuación diferencial que describe los perfiles de temperatura en la pared y las condiciones de borde de dicha ecuación.
(b) Resuelva la ecuación diferencial y obtenga el perfil de temperatura $T(x)$ al interior de la

pared.
(c) Determine la temperatura de la pared en $x = 0$.

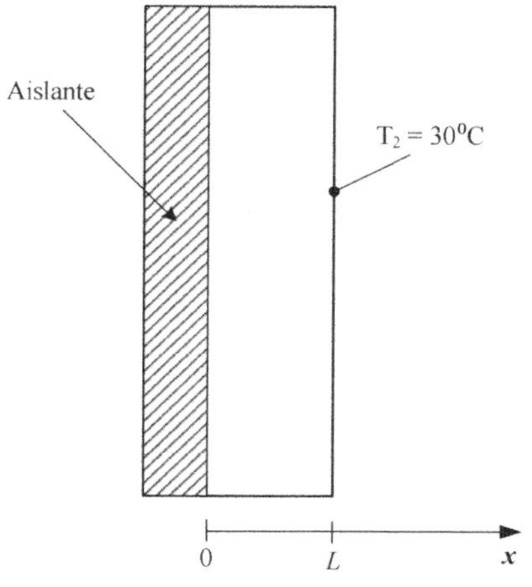

Figura 1.9: *Pared adiabática.*

Solución

(a) Dado que el sistema se encuentra en estado estacionario y que la transferencia de calor es unidireccional, la ecuación (A.16) del Apéndice resulta ser para este caso (idéntico resultado se obtendría al plantear un balance diferencial. Queda esto planteado al lector.):

$$\frac{d^2T}{dx^2} + \frac{\dot{g}(x)}{k} = 0 \tag{1.44}$$

Debido a que en $x = 0$ la pared se encuentra aislada térmicamente, la primera condición de borde resulta ser:

$$\left.\frac{dT}{dx}\right|_{x=0} = 0 \tag{1.45}$$

Además, en $x = L$ la temperatura está especificada por el problema:

$$T(x = L) = T_2 = 30°\text{C} \tag{1.46}$$

(b) Reordenando la ecuación diferencial e integrando una vez:

$$\begin{aligned}\frac{d^2T}{dx^2} &= -\frac{\dot{g}_0}{k}e^{-0.5x/L}\\ \frac{dT}{dx} &= \frac{2\dot{g}_0 L}{k}e^{-0.5\,x/L} + C_1\end{aligned}$$

Integrando otra vez,

$$
\begin{aligned}
T(x) &= \frac{2\dot{g}_0 L}{k}\frac{e^{-0.5\,x/L}}{-0.5/L} + C_1 x + C_2 \\
T(x) &= -\frac{4\dot{g}_0 L^2}{k} e^{-0.5\,x/L} + C_1 x + C_2 \qquad (1.47)
\end{aligned}
$$

Aplicando las condiciones de borde en la ecuación (1.47), en $x = 0$,

$$
\begin{aligned}
\left.\frac{dT}{dx}\right|_{x=0} &= \frac{2\dot{g}_0 L}{k} e^{-0.5\cdot 0/L} + C_1 \\
C_1 &= -\frac{2\dot{g}_0 L}{k}
\end{aligned}
$$

Y en $x = L$,

$$
T(x = L) = T_2 = -\frac{4\dot{g}_0 L^2}{k} e^{-0.5\,L/L} + C_1 L + C_2
$$

Reemplazando C_1,

$$
C_2 = T_2 + \frac{4\dot{g}_0 L^2}{k} e^{-0.5} + \frac{2\dot{g}_0 L^2}{k}
$$

Sustituyendo las relaciones de C_1 y C_2 en (1.47), se obtiene la relación para la variación de temperatura en la pared:

$$
T(x) = T_2 + \frac{\dot{g}_0 L^2}{k}[4(e^{-0.5} - e^{-0.5\,x/L}) + 2(1 - x/L)] \qquad (1.48)
$$

(c) Para determinar la temperatura en la superficie aislada, simplemente reemplazamos las cantidades conocidas en la ecuación (1.48):

$$
T(x = 0) = T_2 + \frac{\dot{g}_0 L^2}{k}\left[4(e^{-0.5} - e^0) + 2(1 - 0/L)\right]
$$

Finalmente se obtiene:

$$
T(x = 0) = 30^{\circ}\mathrm{C} + \frac{8\cdot 10^6\ \mathrm{W/m^3}\cdot(0.05\ \mathrm{m})^2}{30\ \mathrm{W/(m^{\circ}C)}}\left[4(e^{-0.5} - 1) + 2\right] = 314.1^{\circ}\mathrm{C}
$$

1.2. Transferencia de masa

1.2.1. *Difusión de feromonas en un pesticida*

El dispositivo de la Figura 1.10 es utilizado en el control de plagas. En él, se introduce un insecticida junto con *feromonas* (i.e., hormonas sexuales atractoras secretadas por los insectos), de manera tal, que se pueden eliminar miembros de un sexo de una especie de plaga en particular. Estas feromonas no subliman instantáneamente, sino que lo hacen a una tasa r_0, y presentan una difusividad a través de la membrana igual a D. En el estado estacionario, la tasa de sublimación, r_0, es igual al flujo molar, J_A, a través de la membrana. Considere la concentración de la hormona fuera del dispositivo igual a cero. ¿Cuál es la concentración de feromonas en la fase gas en el interior en el estado estacionario?
Datos: $r_0 = 6 \cdot 10^{-17}$ mol/s; $D = 1.92 \cdot 10^{-12}$ cm^2/s; $E = 0.06$ cm; $A = 1.8$ cm^2.

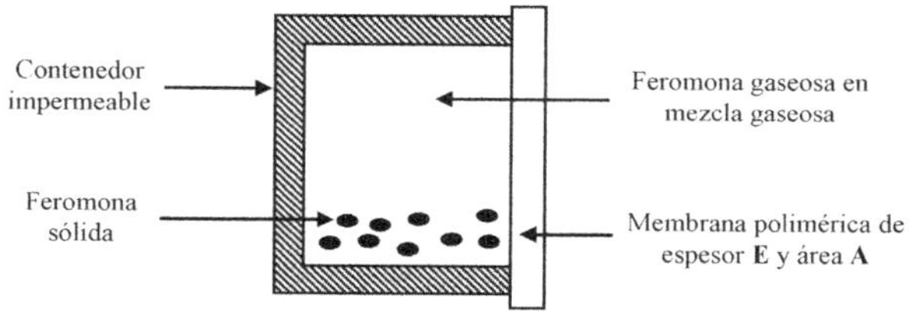

Figura 1.10: *Modelo de pesticida con feromonas.*

Solución

Supuestos

- Difusión en estado estacionario y unidireccional.

Aplicando directamente la Ley de Fick, se tiene:

$$J_A = -D \cdot A \cdot \frac{dC_A}{dx}$$

Dado que nos encontramos en estado estacionario, J_A es constante e igual a r_0. Por lo tanto, integrando entre esta última expresión con respecto a x entre las condiciones conocidas, se obtiene:

$$\begin{aligned} \int_0^E J_A\, dx &= -D \cdot A \cdot \int_{C_{Ain}}^0 dC_A \\ r_0 \cdot E &= -D \cdot A \cdot (0 - C_{Ain}) = D \cdot A \cdot C_{Ain} \\ C_{Ain} &= \frac{r_0 \cdot E}{D \cdot A} = 1.04 \cdot 10^{-6}\ \text{mol/cm}^3 \end{aligned}$$

Así, la concentración de feromonas en la fase gas en el interior del dispositivo es de $1.04 \cdot 10^{-6}$ mol/cm^3.

1.2.2. *Factibilidad técnica de un basural*

Usted deberá analizar la factibilidad técnica de un nuevo proceso para reducir la *contaminación atmosférica* que genera la emisión de un compuesto tóxico volátil B desde un basural. Este proyecto solo es viable si se logra reducir el *flux* de B a valores menores que $6.02 \cdot 10^{-5}$ kmol/(m^{2}s). Para ello, el proyecto contempla cubrir el basural con dos materiales semipermeables, A_1 y A_2, de espesores E_1 y E_2, respectivamente. La actividad microbiológica que degrada la materia orgánica de la basura genera una cantidad de calor constante. De esta forma, el *flux* de calor que atraviesa a los materiales semipermeables y llega al ambiente es conocido e igual a (q/A). Es razonable asumir que la concentración de B en el basural es homogénea e igual a C_B.
La difusividad de B a través de A_1 ($D_1 = D_{BA1}$) depende de la temperatura en la interfase entre este material y la basura, según la ecuación $D_1 = a \cdot T_1$. De igual modo, la difusividad de B a través de A_2 ($D_2 = D_{BA2}$) depende de la temperatura de la interfaz entre A_2 y A_1, de acuerdo con la expresión $D_2 = b \cdot T_2^2$ (temperaturas expresadas en K).
Considerando que la concentración del compuesto B a la salida de la interfaz A_2 es aproximadamente cero, y que en ese punto la temperatura del material A_2 es igual a T_3, determine si el proyecto es factible o no técnicamente.
Datos: $E_1 = 5$ cm; $E_2 = 10$ cm; $C_B = 20 \cdot 10^{-3}$ kmol/m^3; $a = 5 \cdot 10^{-4}$ m^2/(Ks); $b = 2 \cdot 10^{-5}$ m^2/(K^{2}s); $T_3 = 298.5$ K; $(q/A) = 1000$ W/m^2; $k_1 = 80$ W/(mK); $k_2 = 90$ W/(mK).

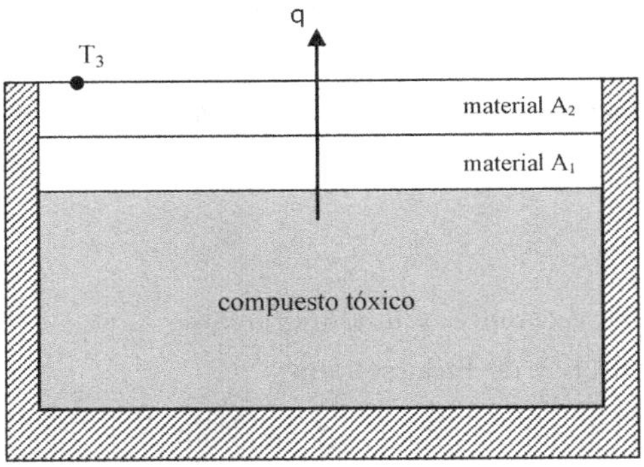

Figura 1.11: *Proceso de reducción de contaminación propuesto.*

Solución

Supuestos

- Estado estacionario.
- Área constante y flujo unidireccional.

Para calcular el *flux* de B, debemos calcular T_1 y T_2 a partir de (q/A) y T_{amb}, mediante un modelo de resistencias en serie:

$$\begin{aligned}
\frac{q}{A} &= \frac{T_1 - T_3}{\frac{E_1}{k_1} + \frac{E_2}{k_2}} \\
1000 &= \frac{T_1 - 298.5}{\frac{0.05}{80} + \frac{0.1}{90}} \\
T_1 &= 300.2 \text{ K}
\end{aligned} \tag{1.49}$$

Para el caso de T_2, podemos plantear que el *flux* de calor por el primer material semipermeable es:

$$\begin{aligned}
\frac{q}{A} &= \frac{T_1 - T_2}{\frac{E_1}{k_1}} \\
1000 &= \frac{300.2 - T_2}{\frac{0.05}{80}} \\
T_2 &= 299.6 \text{ K}
\end{aligned} \tag{1.50}$$

A partir de los resultados (1.49) y (1.50), podemos calcular las difusividades en los distintos materiales semipermeables:

$$D_1 = a \cdot T_1 = 5 \cdot 10^{-4} \cdot 300.2 = 0.15 \text{ m}^2/\text{s} \tag{1.51}$$

$$D_2 = b \cdot T_2^2 = 2 \cdot 10^{-5} \cdot (299.6)^2 = 1.80 \text{ m}^2/\text{s} \tag{1.52}$$

Finalmente, con los valores (1.51) y (1.52), determinamos el *flux* de B usando nuevamente el concepto de resistencias en serie:

$$\begin{aligned}
\frac{J_B}{A} &= \frac{C_B - C_{B0}}{\frac{E_1}{D_1} + \frac{E_2}{D_2}} \\
\frac{J_B}{A} &= \frac{20 - 0}{\frac{0.05}{0.15} + \frac{0.1}{1.80}} \\
\frac{J_B}{A} &= 5.1 \cdot 10^{-2} \text{ kmol/(m}^2\text{s)}
\end{aligned}$$

Como el *flux* de B es muy superior a lo permitido (0.051 kmol/(m^{2}s) >> $6.02 \cdot 10^{-5}$ kmol/(m^{2}s)), se concluye que el proyecto no es viable.

1.2.3. *Columna de destilación*

Una columna de destilación separa los alcoholes A y B a 1 atm y 372 K. En el tercer plato de la columna, la fase líquida contiene una fracción molar de A de 0.3, y en la fase gaseosa es igual a 0.4. Asumiendo que la resistencia a la transferencia de masa es una interfase gas-líquido de 0.3 mm de espesor, calcule el *flux* molar del alcohol A desde la fase gas a la fase líquida. Para fines de cálculo, use la Ley de Henry.
Datos: $D_{AB} = 5.4 \cdot 10^{-6}$ m^2/s; $p_A = y_A \cdot p_{tot} = H_A \cdot x_A$; $H_A = 0.7056$ atm.

Solución

Supuestos

- Se asume comportamiento de gases ideales.
- Contradifusión equimolar.
- Estado estacionario.

Aplicando la Ley de Fick (ya integrada) para el alcohol A:

$$\left(\frac{N_A}{A}\right)_y = -D_{AB} \cdot \frac{\Delta C_A}{\Delta y} \tag{1.53}$$

Donde Δy indica la distancia en la interfase gas-líquido. Por otro lado, ΔC_A se puede escribir en función de la presión parcial de A utilizando la ley de gases ideales. Denotando p_A a la presión parcial de A:

$$\begin{aligned} p_A V &= n_A RT \\ p_A &= \frac{n_A}{V} RT \\ p_A &= C_A RT \\ C_A &= \frac{p_A}{RT} \end{aligned}$$

Si p_A^g es la presión parcial de A en la fase gaseosa y p_A^l es la presión parcial de A en la interfase (por el lado del líquido), la ecuación (1.53) pasa a ser:

$$\left(\frac{N_A}{A}\right)_y = \frac{-D_{AB}}{RT} \cdot \frac{\Delta p_A}{\Delta y} = \frac{D_{AB}}{RT} \cdot \frac{(p_A^g - p_A^l)}{\Delta y} \tag{1.54}$$

Donde los valores de la presión parcial del gas y líquido son los siguientes:

$$\begin{aligned} p_A^g &= y_A \cdot p_{tot} = 0.4 \cdot 1 \text{ atm} = 0.4 \text{ atm} \\ p_A^l &= H_A \cdot x_A = 0.7056 \text{ atm} \cdot 0.3 = 0.211 \text{ atm} \end{aligned}$$

Reemplazando las presiones parciales en la ecuación (1.54) se obtiene:

$$\left(\frac{N_A}{A}\right)_y = \frac{5.4 \cdot 10^{-6} \text{ m}^2/\text{s } (0.4 - 0.211) \cdot 10^5 \text{ Pa}}{372 \text{ K} \cdot 8.314 \text{ Pa/(molK)} \cdot 0.3 \cdot 10^{-3} \text{ m}} = 1.1 \cdot 10^{-1} \text{ mol/(m}^2\text{s)}$$

1.2.4. *Modelo de difusión de O_2 en los pulmones*

El siguiente problema modela la transferencia de oxígeno (especie A) desde los pulmones al sistema de capilares sanguíneos. Ambos sistemas se encuentran separados por una membrana (especie B), la cual puede ser aproximada a un plano de espesor L. El proceso de inhalación puede asumirse que garantiza mantener una concentración molar constante de oxígeno en $x = 0$ igual a C_{A0}; y la asimilación de oxígeno por parte de la sangre asegura que la concentración de oxígeno en la membrana en $x = L$ es igual a C_{AL}. Por otra parte, existe un consumo de oxígeno en la membrana debido a procesos metabólicos. Dicha cinética de consumo, r_A, es conocida e igual a $r_A = -k_0$. La difusividad de A en B es conocida y vale D_{AB}.
(a) Obtenga una expresión para el perfil de oxígeno en toda la membrana, es decir, $C_A = C_A(x)$ entre $0 \leq x \leq L$.
(b) Calcule el *flux* molar de oxígeno que atraviesa a la membrana en $x = L$.

Solución

Supuestos

- Difusión en estado estacionario y unidireccional en x.

(a) Resolveremos este problema mediante un balance diferencial en un volumen de control. Para ello, consideremos un volumen de control en la membrana igual a $\Delta V = A \cdot \Delta x$, donde A es el área perpendicular al flujo de la especie A por la membrana pulmonar. A continuación, la ecuación de balance de masa para este caso:

$$\begin{aligned} \cancelto{0}{\text{acumulación}} &= \text{entrada} - \text{salida} + \cancelto{0}{\text{generación}} - \text{consumo} \\ 0 &= \text{entrada} - \text{salida} - \text{consumo} \end{aligned} \tag{1.55}$$

Reemplazando cada término de la ecuación (1.55) por las expresiones de flujo molar y consumo en el volumen de control diferencial, se llega a:

$$D_{AB}A \cdot \left.\frac{dC_A}{dx}\right|_{x=x+\Delta x} - D_{AB}A \cdot \left.\frac{dC_A}{dx}\right|_{x=x} = k_0 \Delta V \tag{1.56}$$

Dividiendo la ecuación (1.56) por $D_{AB}\Delta V$ se obtiene:

$$\frac{\left.\frac{dC_A}{dx}\right|_{x=x+\Delta x} - \left.\frac{dC_A}{dx}\right|_{x=x}}{\Delta x} = \frac{k_0}{D_{AB}} \tag{1.57}$$

Finalmente, tomando el límite de (1.57) cuando $\Delta x \to 0$ se tiene:

$$\begin{aligned} \lim_{\Delta x \to 0} \frac{\left.\frac{dC_A}{dx}\right|_{x=x+\Delta x} - \left.\frac{dC_A}{dx}\right|_{x=x}}{\Delta x} &= \frac{d^2 C_A}{dx^2} \\ \frac{d^2 C_A}{dx^2} &= \frac{k_0}{D_{AB}} \end{aligned} \tag{1.58}$$

La ecuación anterior está sujeta a las siguientes condiciones de borde:

$$\begin{aligned} \text{C.B. (1): } C_A(x=0) &= C_{A0} \\ \text{C.B. (2): } C_A(x=L) &= C_{AL} \end{aligned}$$

A continuación, resolvemos la ecuación (1.58) con respecto a x, obteniéndose:

$$C_A(x) = C_2 + C_1 x + \frac{k_0 x^2}{2D_{AB}} \tag{1.59}$$

Donde C_1 y C_2 son dos constantes de integración que se determinan a partir de las condiciones de borde C.B. (1) y C.B. (2). Resolviendo el sistema de ecuaciones para ambas constantes, se llega finalmente a que:

$$C_A(x) = C_{A0} + \frac{(C_{AL} - C_{A0})\, x}{L} + \frac{k_0 x\,(x-L)}{2D_{AB}} \tag{1.60}$$

(b) A partir de la Ley de Fick, se tiene que el *flux* molar de A que atraviesa a la membrana pulmonar está dado por:

$$\left(\frac{N_A}{A}\right)_x = -D_{AB} \cdot \frac{dC_A}{dx}$$

En particular, el *flux* molar en $x = L$ es,

$$\left(\frac{N_A}{A}\right)_{x=L} = -D_{AB} \cdot \left.\frac{dC_A}{dx}\right|_{x=L} \tag{1.61}$$

Luego, derivando la ecuación (1.60) con respecto a x, se obtiene:

$$\frac{dC_A}{dx} = \frac{k_0}{D_{AB}}\left(x - \frac{L}{2}\right) + \frac{C_{AL} - C_{A0}}{L}$$

Finalmente, reemplazando esta última expresión en la ecuación (1.61), y evaluándola en $x = L$ se tiene:

$$\left(\frac{N_A}{A}\right)_{x=L} = \frac{(C_{A0} - C_{AL})\, D_{AB}}{L} - \frac{k_0 L}{2}$$

1.2.5. *Análisis de un convertidor catalítico*

Emisiones de óxido nítrico ($A = NO$) del escape de automóviles se pueden reducir mediante el uso de convertidores catalíticos, los cuales propician la siguiente reacción en su superficie:

$$\mathrm{NO} + \mathrm{CO} \longrightarrow \tfrac{1}{2}\mathrm{N_2} + \mathrm{CO_2}$$

La concentración de NO se reduce al hacer pasar los gases de escape sobre la superficie del catalizador, y el *flux* de reducción en el catalizador está gobernado por una reacción de primer orden de la forma $-N_A/A = k''C_A(z = 0)$ (el signo menos se debe a que el NO viaja en dirección hacia la superficie, contrario al sistema de coordenadas). Como primera aproximación, se puede suponer que el NO alcanza la superficie por difusión unidireccional a través de una película delgada de espesor L, la que cubre la superficie catalítica. Considere que el gas de escape se encuentra a 500°C y 1.2 bar, y que la fracción molar de NO en $z = L$ es $y_{AL} = 0.15$. Si $D_{AB} = 10^{-4}$ m^2/s, $k'' = 0.05$ m/s, y el espesor de la película es $L = 1$ mm, determine cuál es la fracción molar de NO en la superfice catalítica y el flujo de remoción del NO, para una superficie de convertidor igual a $A = 200$ cm^2.

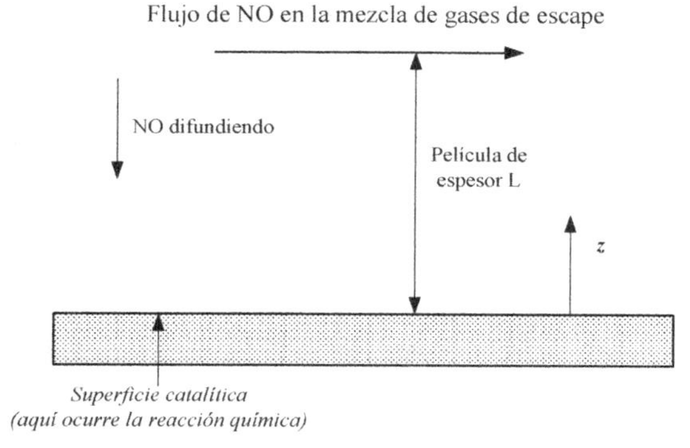

Figura 1.12: *Difusión de NO hacia la superficie del convertidor catalítico.*

Solución

Supuestos

- Difusión en estado estacionario y unidireccional en z.
- Presión total y temperatura constantes.
- El mecanismo de transporte es solo por difusión.
- Es posible modelar al NO como un gas ideal.

Este problema puede resolverse aplicando un balance diferencial en la película de espesor L. Sin embargo, con el fin de ilustrar una solución alternativa seguiremos un enfoque distinto.

El *flux* de NO (especie A) está dado por la Ley de Fick según:

$$\left(\frac{N_A}{A}\right)_z = -D_{AB} \cdot \frac{dC_A}{dz}$$

Usando la ley de gases ideales, $C_A = y_A P/RT$, la expresión anterior es equivalente a:

$$\left(\frac{N_A}{A}\right)_z = -\frac{D_{AB}P}{RT} \cdot \frac{dy_A}{dz} \tag{1.62}$$

Donde P y T corresponden a la presión total y temperatura del sistema, respectivamente. Mientras que y_A corresponde a la fracción molar de NO en la película. Dado que la difusión ocurre en estado estacionario y (N_A/A) es constante a lo largo de z, podemos integrar directamente la ecuación (1.62) entre L y z,

$$\begin{aligned}
\left(\frac{N_A}{A}\right)_z \int_L^z dz &= -\frac{D_{AB}P}{RT} \cdot \int_{y_{AL}}^{y_A} dy_A \\
\left(\frac{N_A}{A}\right)_z (z - L) &= \frac{D_{AB}P}{RT} (y_{AL} - y_A) \\
y_A &= y_{AL} + \frac{RT}{D_{AB}P} \left(\frac{N_A}{A}\right)_z (L - z) \qquad (1.63)
\end{aligned}$$

Dado que el sistema se encuentra en estado estacionario, el *flux* de remoción de NO en la superficie catalítica es igual al *flux* de NO que viaja por la película de espesor L. Así, podemos evaluar el *flux* de NO a partir de la expresión para el *flux* en la superficie catalítica:

$$\left(\frac{N_A}{A}\right)_z = \left(\frac{N_A}{A}\right)_{z=0} = -\frac{k''P}{RT} \cdot y_{A0} \tag{1.64}$$

Reemplazando la expresión de N_A/A obtenida en la ecuación (1.64) en (1.63) se obtiene que:

$$y_A(z) = y_{AL} - \frac{k'' y_{A0}}{D_{AB}} (L - z) \tag{1.65}$$

Al reemplazar $z = 0$ en la ecuación (1.65) se obtiene el valor de y_{A0}:

$$\begin{aligned}
y_{A0} &= y_{AL} - \frac{k'' y_{A0}}{D_{AB}} (L - 0) \\
y_{A0} &= \frac{y_{AL}}{1 + \dfrac{k''L}{D_{AB}}} \qquad (1.66)
\end{aligned}$$

Ahora, si reemplazamos la ecuación (1.66) en (1.65) se obtiene finalmente el perfil de concentración de NO en toda la película:

$$y_A(z) = y_{AL} - \frac{y_{AL}k''}{D_{AB} + k''L}(L - z) \tag{1.67}$$

Reemplazando los datos del enunciado, obtenemos que la fracción molar y_{A0} es:

$$y_{A0} = \frac{0.15}{1 + 10^{-3} \cdot 0.05/10^{-4}} = 0.10$$

Por otra parte, la concentración total de gases está dada por:

$$C = \frac{P}{RT} = 1.87 \cdot 10^{-2} \text{ kmol/m}^3$$

Así, el *flux* de remoción de NO es igual a:

$$\left(\frac{N_A}{A}\right)_{z=0} = -k''Cy_{A0} = -9.35 \cdot 10^{-5} \text{ kmol/(m}^2\text{s)}$$

En términos másicos, el *flux* de remoción de NO es ($PM_{NO} = 30$ g/mol)

$$\left(\frac{n_A}{A}\right)_{z=0} = PM_{NO}\left(\frac{N_A}{A}\right)_{z=0} = -2.8 \cdot 10^{-3} \text{ kg/(m}^2\text{s)}$$

Multiplicando ambos resultados por la superficie del catalizador ($A = 200$ cm^2), se obtienen los respectivos flujos de NO:

$$\begin{aligned} N_A &= -1.87 \cdot 10^{-6} \text{ kmol/s} \\ n_A &= -5.61 \cdot 10^{-5} \text{ kg/s} \end{aligned}$$

Como se puede observar en la ecuación (1.67), el perfil encontrado es lineal, consistente con el hecho de que no existe generación ni consumo de NO a lo largo de la película gaseosa. Gráficamente, el perfil buscado es:

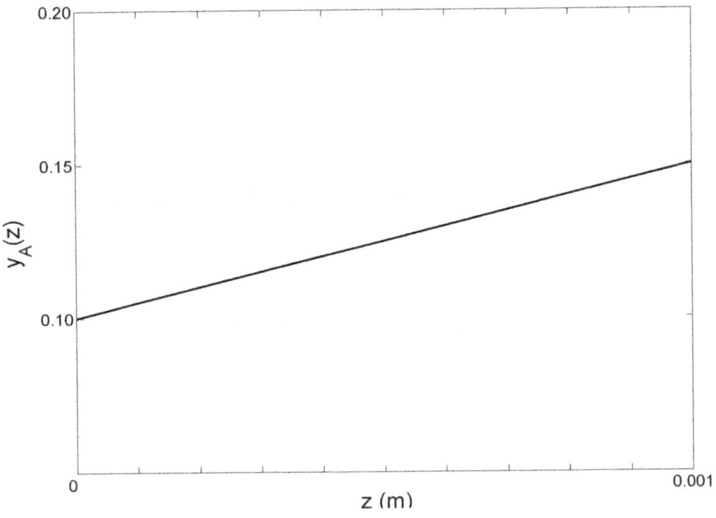

Figura 1.13: *Fracción molar de NO en la película.*

Ahora se propone al lector resolver este problema mediante el uso de la técnica de balances diferenciales, aplicando un volumen de control al interior de la película L. En cuyo caso, se obtendrá la siguiente ecuación diferencial para la concentración de NO (especie A):

$$\frac{d^2C_A}{dz^2} = 0$$

Como la ecuación diferencial es de segundo orden, se necesitan dos condiciones de borde. La primera de ellas se encuentra en $z = 0$; producto del estado estacionario, la velocidad de reacción es igual al flujo de NO que llega a la superficie (que es distinto a decir que la concentración en $z = 0$ es igual a cero). La segunda se encuentra en $z = L$; aquí la fracción molar de NO es conocida e igual a y_{AL}.

1.2.6. *Barra porosa sometida a convección y reacción*

Una barra porosa de sección transversal constante (A_T), es expuesta a aire en $x = 0$ y agua en $x = L$. El *flux* de oxígeno desde el aire a la barra es gobernado por un proceso convectivo de transferencia de masa, el cual se puede modelar mediante la siguiente relación:

$$\frac{N_{O_2}}{A_T} = k_m \cdot (C^* - C_{O_2}(x = 0))$$

donde k_m es un coeficiente de transferencia de masa, C^* corresponde a la concentración de oxígeno en el aire (valor conocido y constante) y $C_{O_2}(x = 0)$ es la concentración de oxígeno al comienzo de la barra.

Una vez que el oxígeno se encuentra en la barra, difunde a través de ella siguiendo la Ley de Fick (coef. de difusión D). Cuando el oxígeno llega al otro extremo ($x = L$) participa en una reacción de oxidación con el material de la barra. Aquí el O_2 es consumido en el proceso, a una tasa por unidad de área, igual a $k'' \cdot C_{O_2}(x = L)$ (es decir, el producto de k'' y $C_{O_2}(x = L)$ posee unidades de mol·m^{-2}·s^{-1}). Una vez que el sistema ha alcanzado el estado estacionario, encuentre el perfil de concentración de O_2 a lo largo de la barra, $C_{O_2}(x)$ $(0 \leq x \leq L)$.

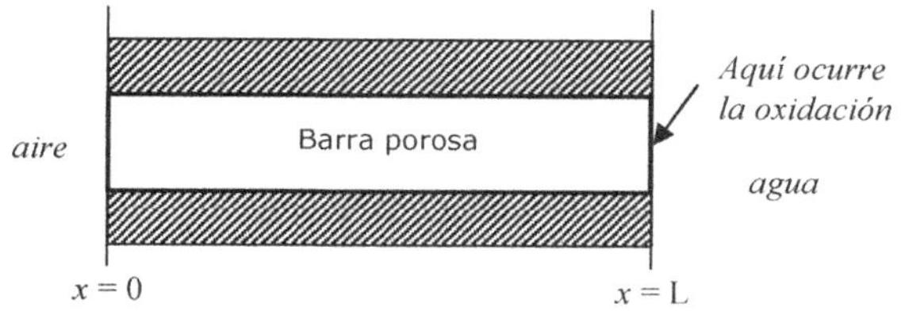

Figura 1.14: *Esquema de la barra porosa aislada por su manto.*

Solución

Aplicando un balance diferencial dentro de la barra, luego dividiendo dicho balance por Δx y tomando el límite cuando $\Delta x \to 0$, se obtiene que:

$$\lim_{\Delta x \to 0} \frac{D\left.\dfrac{dC_{O_2}}{dx}\right|_{x+\Delta x} - D\left.\dfrac{dC_{O_2}}{dx}\right|_{x}}{\Delta x} = 0$$

$$\frac{d^2 C_{O_2}}{dx^2} = 0$$

Al integrar la ecuación resultante, obtenemos una expresión lineal (como era de esperar) para el perfil de concentración:

$$C_{O_2}(x) = Ax + B$$

Ahora, el problema está en determinar las constantes de integración A y B. A continuación, haremos uso de las condiciones de borde para encontrar dichas constantes.

En $x = 0$, todo lo que entra a la barra lo hace por convección, es decir:

$$\begin{aligned} \frac{N_{O_2}}{A_T} &= -D\left.\frac{dC_{O_2}}{dx}\right|_{x=0} = k_m \cdot (C^* - C_{O_2}(x=0)) \\ -DA &= k_m \cdot (C^* - B) \\ -DA + k_m B &= k_m C^* \end{aligned} \tag{1.68}$$

En $x = L$, todo lo que llega por difusión es consumido por la reacción de superficie:

$$\begin{aligned} -D\frac{dC_{O_2}}{dx}\bigg|_{x=L} &= k'' \cdot C_{O_2}(x = L) \\ -DA &= k'' \cdot (AL + B) \\ (D + k''L) \cdot A + k''B &= 0 \end{aligned} \tag{1.69}$$

Resolviendo las ecuaciones (1.68) y (1.69), obtenemos:

$$\begin{aligned} A &= -\frac{k''k_mC^*}{D \cdot (k'' + k_m) + k''k_mL} \\ B &= \frac{k_mC^* \cdot (D + k''L)}{D \cdot (k'' + k_m) + k''k_mL} \end{aligned}$$

Así, el perfil buscado, $C_{O_2}(x)$, es:

$$\begin{aligned} C_{O_2}(x) &= Ax + B \\ C_{O_2}(x) &= \frac{-k''k_mC^*x + k_mC^* \cdot (D + k''L)}{D \cdot (k'' + k_m) + k''k_mL} \\ C_{O_2}(x) &= \frac{C^*k_m \cdot (D + k''L - k''x)}{D \cdot (k'' + k_m) + k''k_mL} \end{aligned}$$

1.3. Transporte de cantidad de movimiento

1.3.1. *Fluido de viscosidad variable entre placas paralelas*

El espacio entre dos placas planas y paralelas separadas una distancia h, se encuentra lleno de un líquido, el cual ha sido sometido a un perfil de temperatura. Producto del gradiente de temperatura, la viscosidad del fluido newtoniano μ varía linealmente desde un valor μ_0 en la placa inferior, hasta un valor $\mu_0/2$ en la placa superior. Si la placa superior se mueve con una velocidad constante e igual a v_0, determine la razón entre el *flux* de momentum según lo descrito anteriormente, y el *flux* de momentum para el caso en que la viscosidad sea constante e igual a $\mu = \mu_0$ en todo el fluido.

Figura 1.15: *Fluido entre placas paralelas con viscosidad variable.*

Solución

Supuestos

- *Flux* de momentum constante en ambos casos.
- Estado estacionario.

Caso 1: viscosidad constante. Utilizando directamente la Ley de Newton para fluidos se tiene que el *flux* de momentum es:

$$\begin{aligned} \tau_1 &= -\mu_0 \cdot \frac{du_x}{dy} \\ \tau_1 &= -\mu_0 \cdot \frac{v_0}{h} \end{aligned} \tag{1.70}$$

Caso 2: viscosidad variable. En primer lugar, cabe determinar la variación de la viscosidad con la posición y. Si la viscosidad varía linealmente con la posición entre $y = 0$ e $y = h$, entonces:

$$\mu(y) = \mu_0 - \frac{\mu_0}{2h} \cdot y \tag{1.71}$$

Nuevamente, invocando la Ley de Newton,

$$\tau_2 = -\mu(y) \cdot \frac{du_x}{dy}$$

Integrando esta ecuación entre las condiciones de borde $u_x(y=0)=0$ y $u_x(y=h)=v_0$, y empleando (1.71) se obtiene:

$$\begin{aligned}
-\tau_2 \int_0^h \frac{dy}{\mu(y)} &= \int_0^{v_0} du_x \\
-\tau_2 \int_0^h \frac{dy}{\mu_0 - \frac{\mu_0}{2h}\cdot y} &= \int_0^{v_0} du_x \\
\tau_2 \cdot \frac{2h}{\mu_0} \ln\left(\mu_0 - \frac{\mu_0}{2h}\cdot y\right)\bigg|_{y=0}^{y=h} &= u_x\bigg|_{u_x=0}^{u_x=v_0} \\
\tau_2 \cdot \frac{2h}{\mu_0} \ln\left(\frac{1}{2}\right) &= v_0 \\
\tau_2 &= -\frac{\mu_0 v_0}{2h\ln(2)} \qquad (1.72)
\end{aligned}$$

Finalmente, dividiendo (1.72) por (1.70) se tiene:

$$\frac{\tau_2}{\tau_1} = \frac{1}{2\ln(2)}$$

1.3.2. *Escurrimiento en un plano inclinado*

Cuando un film de líquido newtoniano fluye en un plano inclinado, se puede demostrar que el *flux* de momentum debido a la acción de la gravedad es:

$$\tau_{yx} = \rho g \cdot y \cdot \cos\beta \qquad (1.73)$$

Donde la coordenada x es paralela al plano inclinado y positiva en la dirección del flujo, y la coordenada y es positiva en la dirección hacia el plano. El ángulo β corresponde a la inclinación del plano (ver Fig. 1.16).

(a) Determine la distribución de velocidad $u_x(y)$ en el film de espesor L.

(b) Encuentre la velocidad máxima y el valor de y en donde esto ocurre.

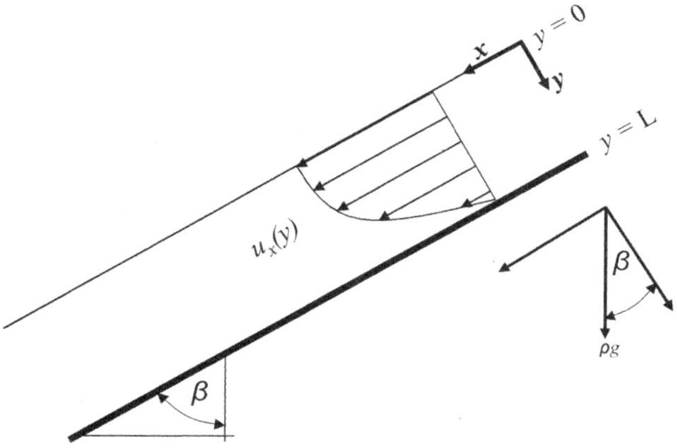

Figura 1.16: *Esquema del escurrimiento.*

Solución

Supuestos

- Estado estacionario y flujo unidireccional en x ($u_y = u_z = 0$).

(a) Empleando el supuesto de flujo unidireccional y la Ley de Newton,

$$\tau_{yx} = -\mu \cdot \frac{du_x}{dy} \tag{1.74}$$

Integrando la ecuación (1.74) en forma general:

$$\begin{aligned}
-\int_0^y \frac{\rho g \cos\beta}{\mu} \cdot y\, dy &= \int_0^{u_x} du_x \\
-\frac{\rho g \cos\beta}{\mu} \cdot \int_0^y y\, dy &= u_x(y) \\
-\frac{\rho g \cos\beta}{\mu} \cdot \frac{y^2}{2} + C &= u_x(y) \qquad (1.75)
\end{aligned}$$

Siguiendo las coordenadas del problema, podemos aplicar la condición de borde $u_x(y = L) = 0$ (1.75), con lo que se obtiene:

$$C = \frac{\rho g L^2 \cos\beta}{2\mu} \tag{1.76}$$

Reemplazando (1.76) en (1.75) se obtiene finalmente,

$$u_x(y) = \frac{\rho g L^2 \cos\beta}{2\mu} \left[1 - \left(\frac{y}{L}\right)^2\right] \tag{1.77}$$

(b) Por inspección del perfil de velocidad encontrado en (a), se aprecia que la velocidad será máxima en $y = 0$ (y mínima cuando $y = L$). Por lo tanto, la velocidad máxima es:

$$u_{max} = \frac{\rho g L^2 \cos\beta}{2\mu}$$

1.3.3. *Flux de momentum de dos fluidos inmiscibles entre placas paralelas*

Dos fluidos inmiscibles e incompresibles, A y B, fluyen en régimen laminar entre dos placas planas y paralelas.

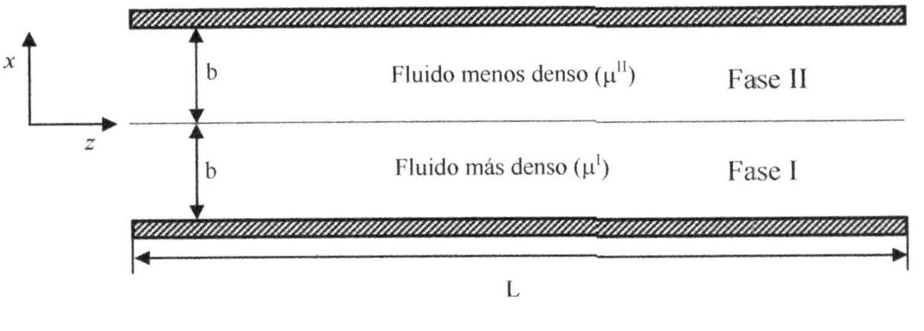

Figura 1.17: *Flux de momentum fluidos inmiscibles en contacto.*

Los fluidos circulan de izquierda a derecha, producto de un gradiente de presión ΔP. Mediante un balance diferencial de cantidad de movimiento es posible obtener la siguiente relación, la cual es válida para ambos fluidos:

$$\frac{d\tau_{xz}}{dx} = \frac{P_0 - P_L}{L} \tag{1.78}$$

Donde P_0 es la presión en $z = 0$ y P_L es la presión en $z = L$ (L es lo suficientemente grande como para que los efectos de borde sean despreciables). Ambas presiones son constantes y conocidas. Determine el *flux* de momentum τ_{xz}, el perfil de velocidades, $v_z(x)$, resultantes en todo el sistema. Por último, ¿qué pasa con el perfil de velocidades encontrado anteriormente si $\mu_I = \mu_{II}$?

Solución

Integrando la ecuación (1.78) para las dos regiones, resulta:

$$\tau_{xz}^{I} = \left(\frac{P_0 - P_L}{L}\right) x + C_1^{I} \qquad (1.79)$$

$$\tau_{xz}^{II} = \left(\frac{P_0 - P_L}{L}\right) x + C_1^{II} \qquad (1.80)$$

Aquí, utilizamos la condición de borde que dice que el transporte de cantidad de movimiento es continuo a través de la interfase de los fluidos:

C.B. (1): para $x = 0$, $\tau_{xz}^{I} = \tau_{xz}^{II}$

Esta última condición nos indica que $C_1^I = C_1^{II}$, por lo tanto, la llamaremos simplemente constante de integración C_1.

Si se sustituye la Ley de Newton en las ecuaciones (1.79) y (1.80), se obtiene:

$$-\mu^{I}\frac{dv_z^{I}}{dx} = \left(\frac{P_0 - P_L}{L}\right) x + C_1$$

$$-\mu^{II}\frac{dv_z^{II}}{dx} = \left(\frac{P_0 - P_L}{L}\right) x + C_1$$

La integración de estas ecuaciones lleva a:

$$v_z^{I} = -\frac{(P_0 - P_L)\, x^2}{2\mu^{I} L} - \frac{C_1}{\mu^{I}} x + C_2^{I}$$

$$v_z^{II} = -\frac{(P_0 - P_L)\, x^2}{2\mu^{II} L} - \frac{C_1}{\mu^{II}} x + C_2^{II}$$

Para determinar las tres constantes de integración, se utilizan las siguientes condiciones de borde:

C.B. (2): para $x = 0$, $v_z^I = v_z^{II}$
C.B. (3): para $x = -b$, $v_z^I = 0$
C.B. (4): para $x = b$, $v_z^{II} = 0$

Al reemplazar todas las condiciones de borde, se obtienen las siguientes ecuaciones:

$$C_2^{I} = C_2^{II}$$

$$0 = -\frac{(P_0 - P_L)\, b^2}{2\mu^{I} L} + \frac{C_1 b}{\mu^{I}} + C_2^{I}$$

$$0 = -\frac{(P_0 - P_L)\, b^2}{2\mu^{II} L} - \frac{C_1 b}{\mu^{II}} + C_2^{II}$$

De las cuales se deduce que:

$$\begin{aligned} C_1 &= -\frac{(P_0 - P_L)\,b}{2L}\left(\frac{\mu^I - \mu^{II}}{\mu^I + \mu^{II}}\right) \\ C_2^I &= \frac{(P_0 - P_L)\,b^2}{2\mu^I L}\left(\frac{2\mu^I}{\mu^I + \mu^{II}}\right) = C_2^{II} \end{aligned}$$

Por lo tanto, los perfiles del *flux* de cantidad de movimiento y de velocidad son:

$$\begin{aligned} \tau_{xz} &= \frac{(P_0 - P_L)\,b}{L}\left[\left(\frac{x}{b}\right) - \frac{1}{2}\left(\frac{\mu^I - \mu^{II}}{\mu^I + \mu^{II}}\right)\right] \\ v_z^I &= \frac{(P_0 - P_L)\,b^2}{2\mu^I L}\left[\left(\frac{2\mu^I}{\mu^I + \mu^{II}}\right) + \left(\frac{\mu^I - \mu^{II}}{\mu^I + \mu^{II}}\right)\left(\frac{x}{b}\right) - \left(\frac{x}{b}\right)^2\right] \\ v_z^{II} &= \frac{(P_0 - P_L)\,b^2}{2\mu^{II} L}\left[\left(\frac{2\mu^{II}}{\mu^I + \mu^{II}}\right) + \left(\frac{\mu^I - \mu^{II}}{\mu^I + \mu^{II}}\right)\left(\frac{x}{b}\right) - \left(\frac{x}{b}\right)^2\right] \end{aligned}$$

Obsérvese que si $\mu^I = \mu^{II}$, ambas distribuciones son iguales, y los resultados se transforman en el clásico perfil parabólico de velocidad para flujo laminar entre placas paralelas.

1.3.4. *Escurrimiento en un plano inclinado con viscosidad variable*

Resuelva nuevamente el problema del escurrimiento en un plano inclinado, pero ahora considere que la viscosidad depende de la posición, de acuerdo con la siguiente expresión:

$$\mu = \mu_0 \exp\left(-\frac{\alpha y}{L}\right)$$

Donde μ_0 es la viscosidad en la superficie libre, L es el espesor de la película, y α es una constante que expresa la rapidez con que disminuye μ al aumentar y. Una variación de este tipo tiene lugar en el flujo descendente del condensado en una pared, con un gradiente lineal de temperatura a través de la película. Demostrar cómo el resultado de este problema se transforma en el obtenido en el Problema 1.3.2, cuando $\alpha \to 0$ (película con viscosidad constante).

Solución

El nuevo valor de la viscosidad lo podemos sustituir directamente en la ecuación (1.73), es decir:

$$\tau_{yx} = \rho g y \cos\beta = -\mu_0 e^{(-\alpha y/L)}\frac{du_x}{dy}$$

Esta ecuación puede integrarse usando la condición de borde $u_x(y = L) = 0$. El perfil de velocidad que se obtiene es:

$$u_x(y) = \frac{\rho g L^2 \cos\beta}{\mu_0}\left[e^{\alpha}\left(\frac{1}{\alpha} - \frac{1}{\alpha^2}\right) - e^{\alpha y/L}\left(\frac{y}{\alpha L} - \frac{1}{\alpha^2}\right)\right] \tag{1.81}$$

Ahora, podemos desarrollar en serie de Taylor las dos funciones exponenciales de la ecuación (1.81) en torno a $\alpha = 0$,

$$e^{\alpha} = 1 + \frac{\alpha}{1!} + \frac{\alpha^2}{2!} + \frac{\alpha^3}{3!} + \dots \tag{1.82}$$

$$e^{\alpha y/L} = 1 + \frac{\alpha y}{L} + \frac{\alpha^2 y^2}{2! L^2} + \frac{\alpha^3 y^3}{3! L^3} + \dots \tag{1.83}$$

Finalmente, reemplazando las ecuaciones (1.82) y (1.83) en (1.81), y tomando el límite cuando α tiende a cero obtenemos:

$$\begin{aligned}
(u_x)_{\alpha=0} &= \frac{\rho g L^2 \cos\beta}{\mu_0} \lim_{\alpha\to 0} \left[\left(1 + \frac{\alpha}{1!} + \dots\right)\left(\frac{1}{\alpha} - \frac{1}{\alpha^2}\right) - \left(1 + \frac{\alpha y}{L} + \dots\right)\left(\frac{y}{\alpha L} - \frac{1}{\alpha^2}\right)\right] \\
(u_x)_{\alpha=0} &= \frac{\rho g L^2 \cos\beta}{\mu_0} \lim_{\alpha\to 0} \left[\left(\frac{1}{2} + \frac{\alpha}{3} + \dots\right) - \left(\frac{y^2}{2L^2} + \frac{\alpha y^3}{3L^3} + \dots\right)\right] \\
(u_x)_{\alpha=0} &= \frac{\rho g L^2 \cos\beta}{2\mu} \left[1 - \left(\frac{y}{L}\right)^2\right]
\end{aligned}$$

Como se puede apreciar, esta última expresión es idéntica a la ecuación (1.77), es decir, al perfil de velocidades de un fluido con viscosidad constante que escurre por un plano inclinado.

1.4. Problemas propuestos

Problema 1.4.1. *Unidades y magnitudes físicas*

Escriba las unidades MKS de las siguientes variables y constantes físicas:

D_{AB} (coef. difusividad)	T (temperatura)
J/A (*flux* molar)	k (conductividad térmica)
j (flujo másico)	α (difusividad térmica)
N (flujo molar)	μ (viscosidad dinámica)
C (concentración molar)	ν (viscosidad cinemática)
τ (*flux* de momentum)	Ψ
δ (difusividad generalizada)	ρ (densidad másica)

Problema 1.4.2. *Dirección del flux de momentum*

En cada caso, dos placas planas paralelas están separadas por un fluido newtoniano. Dibuje en cada situación el vector *flux* de momentum resultante.

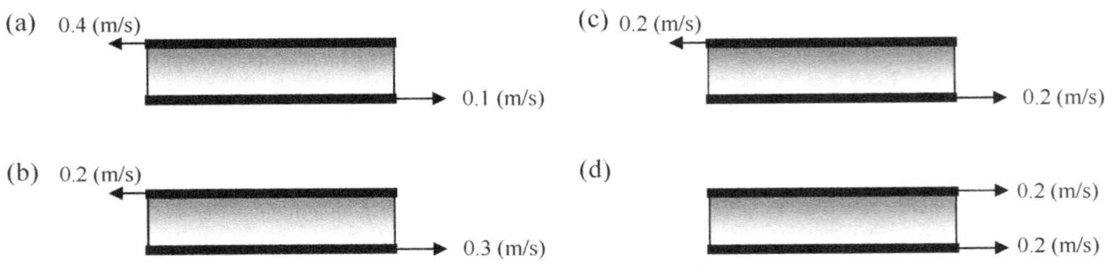

Figura 1.18: *Flux de momentum.*

Problema 1.4.3. *Contradifusión equimolar en estanques*

Un estanque que contiene 15 % molar de CO_2 en aire, está conectado a un segundo estanque que contiene solamente aire. El tubo conector tiene un diámetro de 5 cm y 30 cm de longitud. Ambos estanques se encuentran a una presión de 1 atm y a 298.15 K. El volumen de los estanques es mucho mayor comparado con el volumen ocupado por los gases en el tubo, así que los cambios de concentración en cada estanque son despreciables. El coeficiente de difusión de CO_2 es de $0.164 \cdot 10^{-4}$ m^2/s. Calcular la tasa inicial de transferencia de masa de CO_2. ¿Cuál es la tasa de transferencia de aire?

Problema 1.4.4. *Conducción de calor en una varilla de vidrio en estado estacionario*

Se tiene una varilla de vidrio de 2 cm de diámetro y 0.5 m de largo. Uno de sus extremos está expuesto a una corriente de aire caliente a 515 K. El otro extremo está fijo e inserto en un bloque de hielo a 0°C. La conducción de calor a lo largo de la varilla se encuentra en estado estacionario. El calor de fusión del hielo es de aproximadamente 335 J/g. La conductividad térmica k del vidrio es de 0.86 W/(mK). Asuma que la corriente de aire y el extremo de la varilla se encuentran a la misma temperatura, que no existen pérdidas de calor hacia los alrededores y que todo el calor se transfiere hacia el bloque de hielo. Encuentre:
(a) La cantidad de calor transferido en J/s.
(b) El número de gramos de hielo derretidos al cabo de una hora.

Problema 1.4.5. *Viscosímetro de placas paralelas*

Un viscosímetro de placas paralelas consiste en una caja rectangular posicionada verticalmente con una placa centrada en su interior (Fig. 1.19). El fluido a ser probado es colocado en la caja y la fuerza necesaria para remover la placa a una velocidad fija es medida. Calcular la viscosidad μ para el siguiente caso:
- El peso de la placa es despreciable.
- La placa se encuentra a 0.5 cm equidistante de ambas paredes.
- El área de una cara de la placa sumergida al instante de medición es de 70 cm^2.
- Cuando la placa se mueve a una velocidad de 1 cm/s, la fuerza requerida para levantarla es de $5.6 \cdot 10^{-4}$ N.

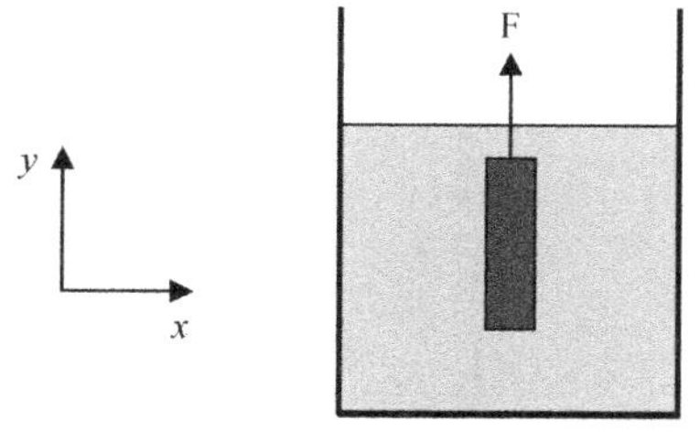

Figura 1.19: *Viscosímetro de placas paralelas en acción.*

Problema 1.4.6. *Evaporación de agua*

Un recipiente contiene agua hasta la mitad de su altura. Este se encuentra abierto y en contacto con aire seco a 25°C. ¿Cuántos ml se evaporarán en una semana, si se asume que el *flux* inicial se mantiene constante durante todo el proceso de evaporación?
Datos: La presión de vapor del agua como función de la temperatura: $\ln(p_{vap}) = A - B/(T + C)$, donde p_{vap} en kPa y T en Kelvin, A = 16.5362, B = 3985.44, C = -38.9974; R = 8.314 J/(molK); difusividad del agua en aire a 25°C es $D_{AB} = 2.56 \cdot 10^{-5}$ m^2/s; densidad del agua

a 25°C = 997 kg/m^3; área del recipiente = 25 cm^2; distancia entre la boca del recipiente y la superficie libre del agua = 2.5 cm.

Problema 1.4.7. *Perfil de temperatura en una pared con disipación de calor*

Una pared vertical fabricada de un material con conductividad k es sometida a una diferencia de voltaje, lo cual hace que el material genere calor a una tasa q. Las caras del material se fijan a una temperatura T_1 y T_2, como se muestra en la Figura 1.20.
(a) Estime el valor de la temperatura en $x = 0$.
(b) Estime en qué punto de la pared (x) se observa la máxima temperatura.
Datos: $q = 2 \cdot 10^7$ J/(m^{3}s); $k = 17.3$ W/(mK); $T_1 = 30$°C; $T_2 = 85$°C; $L = 2$ cm.

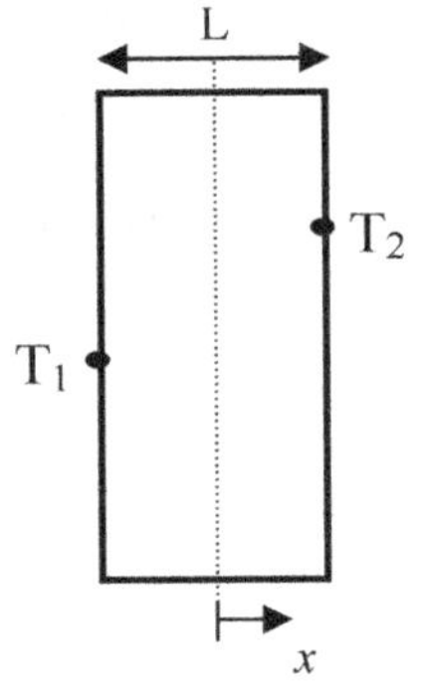

Figura 1.20: *Pared con generación.*

CAPÍTULO 2

Transporte en geometrías cilíndricas y esféricas

2.1. Transferencia de calor

2.1.1. *Aislación de una cañería*

Una cañería de diámetro externo d_o que transporta vapor saturado va a ser cubierta con dos materiales aislantes, ambos de espesor e. La conductividad térmica de uno de ellos es cinco veces mayor que la del otro material. Suponiendo que las temperaturas interiores y exteriores se mantienen fijas, estime en qué porcentaje será reducida la transferencia de calor cuando el mejor aislante se encuentra rodeando a la cañería. Para fines de cálculo, considere que ambos materiales rodean a la cañería. Si utiliza alguna analogía eléctrica, demuéstrela antes de usarla.
<u>Datos</u>: $d_o = 2R_i = 3.9$ cm; $e = 2.5$ cm.

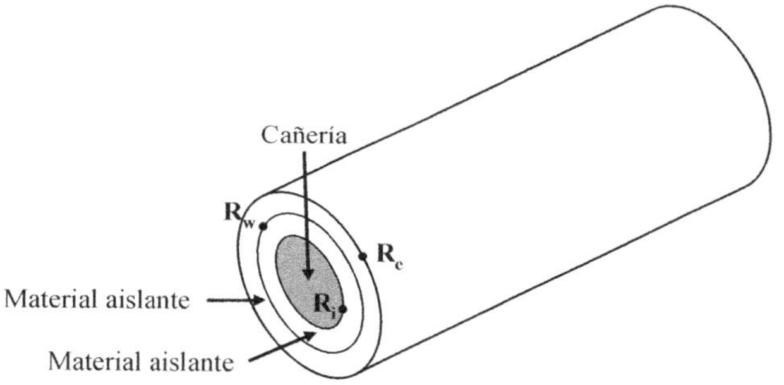

Figura 2.1: *Cañería cubierta con dos materiales aislantes.*

Solución

Supuestos

- Existe solo transferencia de calor en la dirección radial.
- El flujo de calor ocurre en estado estacionario.

Caso 1: la cañería se encuentra rodeada por el mejor aislante. Utilizando los supuestos del problema, el flujo de calor a través del primer aislante es igual a:

$$\begin{aligned} q_{i1}\int_{R_i}^{R_w}\frac{dr}{2\pi rL} &= -k_1\int_{T_i}^{T_w} dT \\ \frac{q_{i1}}{2\pi Lk_1}\ln\left(\frac{R_w}{R_i}\right) &= T_i - T_w \end{aligned} \tag{2.1}$$

Mientras que para el segundo aislante se tiene:

$$\begin{aligned} q_{e1}\int_{R_w}^{R_e}\frac{dr}{2\pi rL} &= -k_2\int_{T_w}^{T_e}dT \\ \frac{q_{e1}}{2\pi Lk_2}\ln\left(\frac{R_e}{R_w}\right) &= T_w-T_e \end{aligned} \tag{2.2}$$

Donde R_i, es el radio exterior de la cañería, R_w es el radio exterior de la cañería más el primer aislante, y R_e corresponde al radio exterior de la cañería más los dos aislantes.

Sumando las ecuaciones (2.1) y (2.2), y aplicando la condición de estado estacionario, es decir, $q_{i1}=q_{e1}=q_1$,

$$\begin{aligned} T_i-T_e &= \frac{q_1}{2\pi L}\left(\frac{1}{k_1}\ln\left(\frac{R_w}{R_i}\right)+\frac{1}{k_2}\ln\left(\frac{R_e}{R_w}\right)\right) \\ q_1 &= \frac{T_i-T_e}{\frac{1}{2\pi L}\left(\frac{1}{k_1}\ln\left(\frac{R_w}{R_i}\right)+\frac{1}{k_2}\ln\left(\frac{R_e}{R_w}\right)\right)} \end{aligned} \tag{2.3}$$

Caso 2: la cañería se encuentra rodeada por el peor aislante. De manera análoga al Caso 1, se tiene que el flujo de calor es:

$$\begin{aligned} q_{i2}\int_{R_i}^{R_w}\frac{dr}{2\pi rL} &= -k_2\int_{T_i}^{T_w}dT \\ \frac{q_{i2}}{2\pi Lk_2}\ln\left(\frac{R_w}{R_i}\right) &= T_i-T_w \end{aligned} \tag{2.4}$$

Mientras que para el segundo aislante se tiene:

$$\begin{aligned} q_{e2}\int_{R_w}^{R_e}\frac{dr}{2\pi rL} &= -k_1\int_{T_w}^{T_e}dT \\ \frac{q_{e2}}{2\pi Lk_1}\ln\left(\frac{R_e}{R_w}\right) &= T_w-T_e \end{aligned} \tag{2.5}$$

Sumando las ecuaciones (2.4) y (2.5), y aplicando la condición de estado estacionario, es decir, $q_{i2}=q_{e2}=q_2$,

$$\begin{aligned} T_i-T_e &= \frac{q_2}{2\pi L}\left(\frac{1}{k_2}\ln\left(\frac{R_w}{R_i}\right)+\frac{1}{k_1}\ln\left(\frac{R_e}{R_w}\right)\right) \\ q_2 &= \frac{T_i-T_e}{\frac{1}{2\pi L}\left(\frac{1}{k_2}\ln\left(\frac{R_w}{R_i}\right)+\frac{1}{k_1}\ln\left(\frac{R_e}{R_w}\right)\right)} \end{aligned} \tag{2.6}$$

Finalmente, dividiendo (2.3) por (2.6), se obtiene que:

$$\frac{q_1}{q_2} = \frac{\dfrac{1}{k_2}\ln\left(\dfrac{R_w}{R_i}\right) + \dfrac{1}{k_1}\ln\left(\dfrac{R_e}{R_w}\right)}{\dfrac{1}{k_1}\ln\left(\dfrac{R_w}{R_i}\right) + \dfrac{1}{k_2}\ln\left(\dfrac{R_e}{R_w}\right)} \qquad (2.7)$$

Al reemplazar los datos del problema se tiene:

$$\begin{aligned} R_i &= \frac{d_o}{2} = 1.95 \text{ cm} \\ R_w &= \frac{d_o}{2} + e = 4.45 \text{ cm} \\ R_e &= \frac{d_o}{2} + 2e = 6.95 \text{ cm} \\ k_2 &= 5k_1 \text{ (el mejor aislante es el material 1)} \end{aligned}$$

$$\frac{q_1}{q_2} = 0.668$$

Por lo tanto, la transferencia de calor se verá reducida en un $(1 - q_1/q_2) \cdot 100 = 33.2\,\%$ al dejar al material más aislante en contacto con la cañería.

2.1.2. *Conducción en serie y paralelo en geometría esférica*

A partir de la configuración mostrada en la Figura 2.2, calcule:
(a) La resistencia total o equivalente de los cuatro materiales de la esfera.
(b) El calor transferido q entre T_1 y T_2, cuando $T_1 > T_2$.

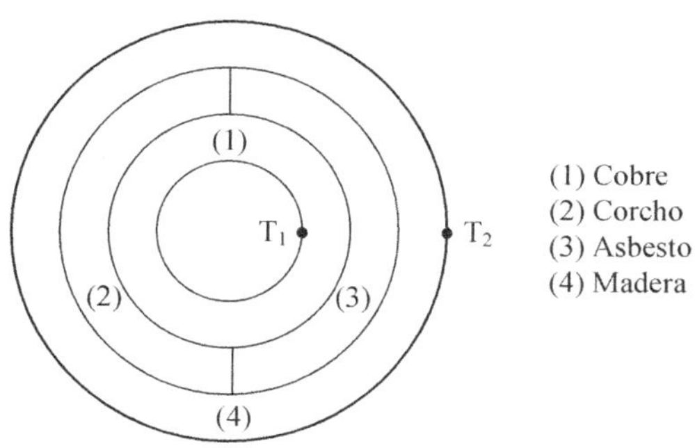

Figura 2.2: *Esfera compuesta por distintos materiales en serie y paralelo.*

Datos: radio esfera de cobre = 0.5 cm; $k_1 = 397$ W/(mK); espesor del corcho = 2 cm; $k_2 =$ 0.036 W/(mK); espesor del asbesto = 2 cm; $k_3 = 0.113$ W/(mK); espesor de la madera = 1 cm; $k_4 = 0.15$ W/(mK); $T_1 = 100$°C; $T_2 = 25$°C.

Solución

Supuestos

- Se asume que para un mismo radio, la temperatura se mantiene constante.
- Conducción unidireccional y estado estacionario.

Antes de resolver este ejercicio, primero veamos el caso de resistencias en serie, como el mostrado en la Figura 2.3:

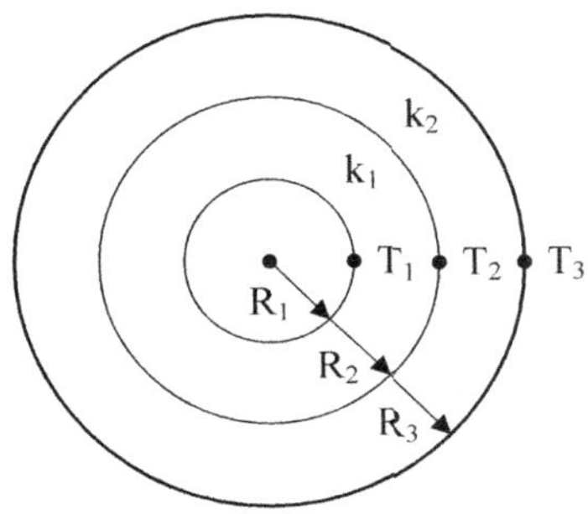

Figura 2.3: *Conducción unidireccional considerando* $T_1 > T_2 > T_3$.

Aquí, la transferencia de calor entre R_1 y R_2 está dada por:

$$q_1 \int_{R_1}^{R_2} \frac{dr}{4\pi r^2} = -k_1 \int_{T_1}^{T_2} dT$$

Y entre R_2 y R_3:

$$q_2 \int_{R_2}^{R_3} \frac{dr}{4\pi r^2} = -k_2 \int_{T_2}^{T_3} dT$$

Despejando las temperaturas en ambas ecuaciones:

$$T_1 - T_2 = q_1 \cdot \frac{1}{4\pi k_1}\left(\frac{1}{R_1} - \frac{1}{R_2}\right) \quad (2.8)$$

$$T_2 - T_3 = q_2 \cdot \frac{1}{4\pi k_2}\left(\frac{1}{R_2} - \frac{1}{R_3}\right) \quad (2.9)$$

Debido a que el calor transferido q_1 es igual a q_2, simplemente lo denominaremos q. Luego, sumando (2.8) y (2.9), se obtiene:

$$q = \frac{T_1 - T_3}{\frac{1}{4\pi k_1}\left(\frac{1}{R_1} - \frac{1}{R_2}\right) + \frac{1}{4\pi k_2}\left(\frac{1}{R_2} - \frac{1}{R_3}\right)}$$

La expresión anterior representa el calor transferido en un sistema de cascarones esféricos en serie. Cada término del denominador corresponde a la resistencia introducida por cada material.

Ahora, volviendo al problema original (Fig. 2.4), dado que estamos en estado estacionario y el flujo es unidireccional, el calor transferido es:

$$q_1 = q_2 + q_3 = q_4 = q$$

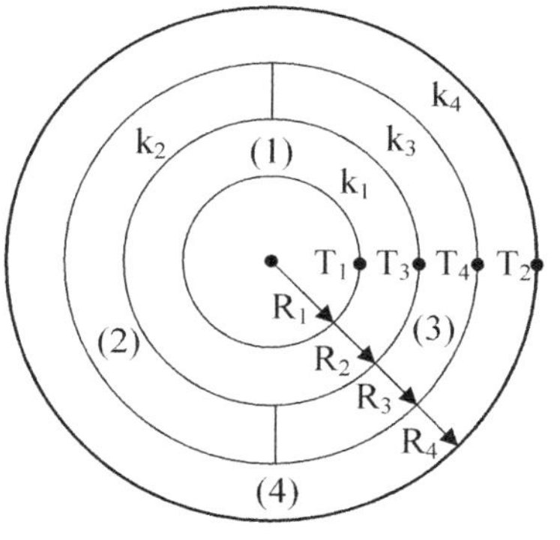

Figura 2.4: *Transferencia de calor desde T_1 a T_2, considerando $T_1 > T_3 > T_4 > T_2$.*

En forma análoga al resultado (2.8), aquí el calor transferido entre T_1 y T_3 es:

$$q_1 = \frac{T_1 - T_3}{\frac{1}{4\pi k_1}\left(\frac{1}{R_1} - \frac{1}{R_2}\right)}$$

Despejando la diferencia de temperatura y reemplazando q_1 por q:

$$T_1 - T_3 = \frac{q}{4\pi k_1}\left(\frac{1}{R_1} - \frac{1}{R_2}\right) \tag{2.10}$$

Para calcular la transferencia de calor entre las secciones 2 y 3, sumamos la contribución de cada una (considerando solo la mitad del área), es decir $q_2 + q_3 = q_4 = q$:

$$q = \frac{T_3 - T_4}{\frac{1}{2\pi k_2}\left(\frac{1}{R_2} - \frac{1}{R_3}\right)} + \frac{T_3 - T_4}{\frac{1}{2\pi k_3}\left(\frac{1}{R_2} - \frac{1}{R_3}\right)}$$

Despejando la diferencia de temperatura:

$$\begin{aligned}
T_3 - T_4 &= q \cdot \left(\frac{1}{\frac{1}{2\pi k_2}\left(\frac{1}{R_2} - \frac{1}{R_3}\right)} + \frac{1}{\frac{1}{2\pi k_3}\left(\frac{1}{R_2} - \frac{1}{R_3}\right)} \right)^{-1} \\
T_3 - T_4 &= q \cdot \left(\frac{2\pi R_2 R_3 (k_2 + k_3)}{R_3 - R_2} \right)^{-1} \\
T_3 - T_4 &= q \cdot \left(\frac{R_3 - R_2}{2\pi R_2 R_3 (k_2 + k_3)} \right) \qquad (2.11)
\end{aligned}$$

Por otro lado, la transferencia de calor en la sección (4) está dada por:

$$q_4 = \frac{T_4 - T_2}{\frac{1}{4\pi k_2}\left(\frac{1}{R_3} - \frac{1}{R_4}\right)}$$

Luego,

$$T_4 - T_2 = q \cdot \frac{1}{4\pi k_4}\left(\frac{1}{R_3} - \frac{1}{R_4}\right) \qquad (2.12)$$

Sumando (2.10), (2.11) y (2.12):

$$q = \frac{T_1 - T_2}{\frac{1}{4\pi k_1}\left(\frac{1}{R_1} - \frac{1}{R_2}\right) + \frac{R_3 - R_2}{2\pi R_2 R_3 (k_2 + k_3)} + \frac{1}{4\pi k_4}\left(\frac{1}{R_3} - \frac{1}{R_4}\right)}$$

Como se mencionó anteriormente, el denominador corresponde a la resistencia total entre el centro de la esfera y la capa más externa. Dado que $k_1 >> k_2$, k_3 y k_4, el término de resistencia térmica del cobre puede despreciarse con respecto al resto de los materiales. Finalmente, reemplazando los datos del problema se obtiene que el calor total transferido es $q = 0.424$ W.

2.1.3. *Balance diferencial transiente sin generación en una esfera*

Deduzca la ecuación diferencial de transferencia de calor transiente unidireccional en una esfera (Fig. 2.5). Comience con un balance diferencial en un cascarón esférico utilizando variables generalizadas. Asuma que no existe generación y que la difusividad térmica α es constante.

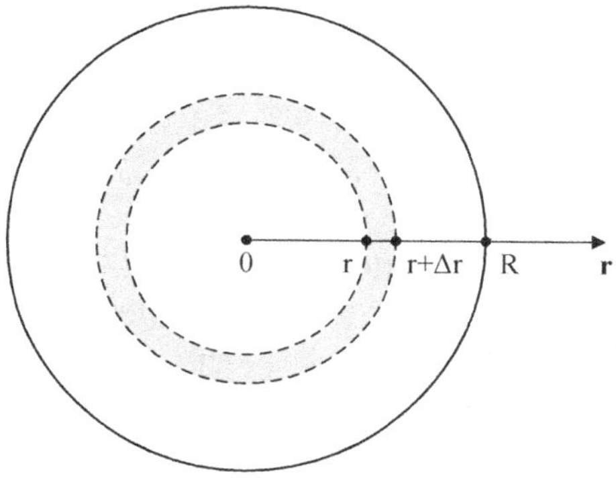

Figura 2.5: *Cascarón esférico de ancho* Δr.

Solución

Considerando que no existe generación, el balance de energía en un cascarón esférico de espesor Δr y de área A ($A = 4\pi r^2$), en un intervalo de tiempo Δt pequeño se puede escribir en forma análoga (ver referencia [2]) como:

$$(\Psi \cdot A)_r - (\Psi \cdot A)_{r+\Delta r} = \frac{\Delta\psi}{\Delta t} \tag{2.13}$$

Considerando la densidad de la esfera igual a ρ y de calor específico c_p (ambos constantes), entonces $\Delta\psi$ se puede escribir como:

$$\Delta\psi = \psi_{t+\Delta t} - \psi_t = mc_p(T_{t+\Delta t} - T_t) = \rho c_p A \Delta r (T_{t+\Delta t} - T_t) \tag{2.14}$$

Sustituyendo (2.14) en (2.13):

$$(\Psi \cdot A)_r - (\Psi \cdot A)_{r+\Delta r} = \rho c_p A \Delta r \frac{(T_{t+\Delta t} - T_t)}{\Delta t}$$

Dividiendo la ecuación por el volumen $V = A\Delta r$ se obtiene:

$$\frac{-1}{A}\left(\frac{(\Psi \cdot A)_{r+\Delta r} - (\Psi \cdot A)_r}{\Delta r}\right) = \rho c_p \left(\frac{T_{t+\Delta t} - T_t}{\Delta t}\right)$$

Tomando el límite cuando $\Delta r \to 0$ y $\Delta t \to 0$:

$$\frac{1}{A}\frac{\partial}{\partial r}\left(kA\frac{\partial T}{\partial r}\right) = \rho c_p \frac{\partial T}{\partial t} \tag{2.15}$$

Reemplazando $A = 4\pi r^2$ y $\alpha = k/\rho c_p$ en la ecuación (2.15), finalmente se obtiene:

$$\frac{1}{r^2}\frac{\partial}{\partial r}\left(r^2\frac{\partial T}{\partial r}\right) = \frac{1}{\alpha}\frac{\partial T}{\partial t}$$

Con lo cual queda demostrada parte de la ecuación del Apéndice (A.16), ya que en nuestro caso solo se consideró el balance diferencial sin generación y flujo en sentido radial.

2.1.4. *Transferencia de calor en un contenedor esférico*

En una instalación de procesamiento de alimentos, un contenedor esférico de radio interno $r_1 = 40$ cm, radio externo $r_2 = 41$ cm, y conductividad térmica $k = 1.5$ W/(m°C) se utiliza para mantener agua caliente a 100°C (ver Fig. 2.6). Para lograr esto, la superficie externa del contenedor se envuelve con un calentador eléctrico de 500 W y luego es envuelta con un aislante térmico. La temperatura de la superficie interna del contenedor es cercana a 100°C en todo momento. Asumiendo que el 10 % del calor generado en el calentador eléctrico es perdido a través del aislante:

(a) Encuentre la ecuación diferencial y las condiciones de borde para la conducción estacionaria y unidireccional en la región del contenedor esférico.

(b) Obtenga una relación para la variación de temperatura en el contenedor resolviendo la ecuación diferencial encontrada en (a).

(c) Integre la ecuación diferencial y encuentre el perfil de temperatura, $T(x)$, en la superficie externa del contenedor.

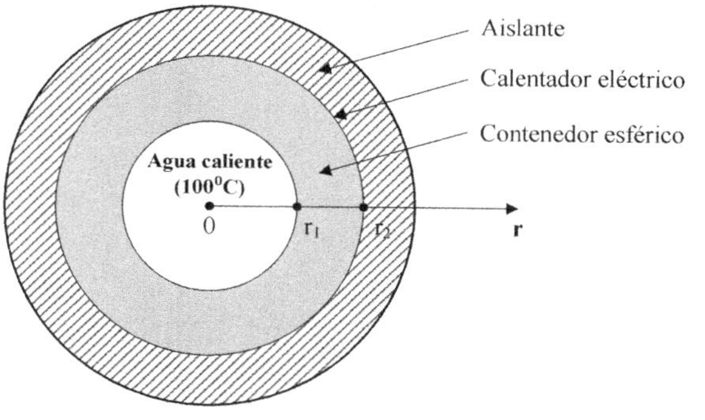

Figura 2.6: *Contenedor esférico.*

Solución

Supuestos

- Conducción en estado estacionario y unidireccional.
- El coeficiente de conductividad térmica k es constante.
- No hay generación de calor en el contenedor.

(a) Considerando que no hay generación, ni acumulación y que la transferencia de calor es unidireccional en el sentido negativo del radio, podemos usar la ecuación (A.16) del Apéndice:

$$\frac{\partial}{\partial r}\left(r^2\frac{\partial T}{\partial r}\right) = 0 \tag{2.16}$$

Las condiciones de borde del problema son las siguientes:

$$T(r = r_1) \;=\; T_1 = 100^{\circ}\text{C} \tag{2.17}$$

$$\frac{q}{A} \;=\; k \cdot \left.\frac{dT}{dr}\right|_{r=r_2} \tag{2.18}$$

En la ecuación (2.18) q corresponde al calor transferido hacia el contenedor. Notando que el 90 % de los 500 W generados por la banda eléctrica son transferidos al contenedor, el *flux* de calor es:

$$\frac{q}{A} = \frac{0.9 \cdot 500\ \text{W}}{4\pi(0.41\ \text{m})^2} = 213\ \text{W/m}^2 \tag{2.19}$$

(b) Integrando la ecuación (2.16) una vez con respecto a r se obtiene:

$$r^2\frac{dT}{dr} = C_1$$

Dividiendo ambos lados de la ecuación por r^2 e integrando:

$$\begin{aligned} \frac{dT}{dr} &= \frac{C_1}{r^2} \\ T(r) &= C_2 - \frac{C_1}{r} \end{aligned}$$

Donde C_1 y C_2 son las constantes de integración. Aplicando la condición de borde (2.18) en $r = r_2$ se obtiene:

$$k\frac{C_1}{r^2} = \frac{q}{A}$$

Entonces,

$$C_1 = \frac{qr_2^2}{Ak}$$

Y en $r = r_1$ usando (2.17) se obtiene:

$$T(r_1) = T_1 = C_2 - \frac{C_1}{r_1}$$

Entonces,

$$C_2 = T_1 + \frac{C_1}{r_1} = T_1 + \frac{qr_2^2}{Akr_1}$$

Sustituyendo C_1 y C_2 en la solución general, la variación de temperatura en el contenedor está dada por:

$$T(r) = C_2 - \frac{C_1}{r} = T_1 + \left(\frac{1}{r_1} - \frac{1}{r}\right)\frac{qr_2^2}{Ak}$$

Utilizando los datos dados en este problema:

$$T(r) = 100°\text{C} + \left(\frac{1}{0.4\ \text{m}} - \frac{1}{r}\right)\frac{213\ \text{W/m}^2 \cdot (0.41\ \text{m})^2}{1.5\ \text{W/(m°C)}}$$

Por lo tanto,

$$T(r) = 100 + 23.87\left(2.5 - \frac{1}{r}\right)\ [°\text{C}] \tag{2.20}$$

(c) La temperatura en la superficie externa del contenedor se determina sustituyendo directamente $r = r_2 = 0.41$ m en la ecuación (2.20):

$$T(r_2) = 100 + 23.87\left(2.5 - \frac{1}{0.41}\right) = 101.5°\text{C}$$

2.1.5. *Fricción en un disco de freno*

Para determinar el coeficiente de fricción, μ, de un freno de disco, un disco y su eje rotan a una velocidad angular ω, mientras que su base permanece estacionaria*. El disco posee un radio exterior r_2, un radio de eje r_1, un espesor t, y una conductividad térmica k (ver Fig. 2.7). Una fuerza conocida F se aplica al sistema, y se mide el momento de torsión τ necesario para mantener la rotación constante. Este valor puede asumirse como conocido. Ahora, suponga que la presión de contacto con el disco es uniforme a lo largo de la superficie en cuestión. Finalmente, asuma que los discos están aislados térmicamente.
(a) Obtenga una expresión que permita evaluar μ a partir de la información entregada anteriormente.
(b) Para la región $r_1 \leq r \leq r_2$, determine la distribución radial de temperaturas, $T(r)$, en el disco (i.e., conducción unidimensional). Use la condición de borde $T(r_1) = T_1$.

Indicación: La fuerza tangencial F_t sobre el disco se puede determinar como:

$$F_t = \mu \cdot F_n$$

Donde F_n es la fuerza normal realizada sobre el cilindro, que en este caso es igual a $F_n = p \cdot A$ (p es la presión de contacto uniforme entre el eje y el disco). Por otro lado, el calor disipado por efecto de la fricción se puede determinar como el producto entre la velocidad angular y el torque:

$$q_{fric} = \omega \cdot \tau$$

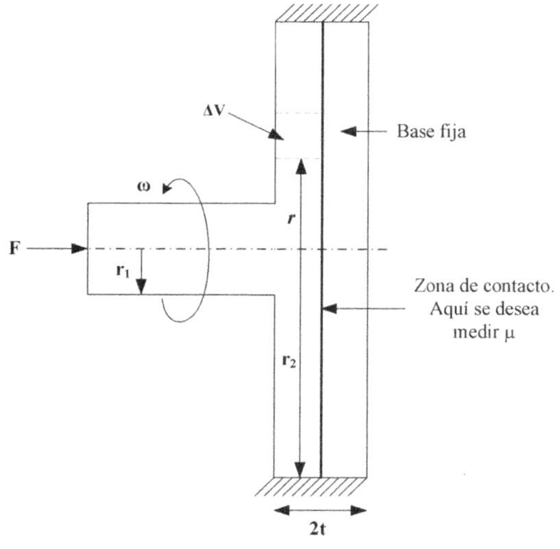

Figura 2.7: *Esquema del freno de disco.*

* (Ref. [5])

Solución

Supuestos

- Estado estacionario.
- La conducción de calor más relevante ocurre en la dirección radial r.

(a) Para resolver este problema partamos utilizando la indicación entregada en el enunciado:

$$\begin{aligned} F_n &= p \cdot A \\ dF_n &= p \cdot dA = p \cdot 2\pi r dr \end{aligned}$$

Usando esta última expresión se tiene que la fuerza tangencial es:

$$\begin{aligned} F_t &= \mu \cdot F_n \\ dF_t &= \mu p 2\pi r dr \end{aligned}$$

La fuerza dF_t corresponde a la fuerza tangencial sobre un elemento diferencial en el disco, y se relaciona con el torque sobre el eje según:

$$\begin{aligned} d\tau &= r \cdot dF_t \\ d\tau &= 2\pi \mu p r^2 dr \qquad (2.21) \end{aligned}$$

Integrando la ecuación (2.21) sobre toda la superficie del disco:

$$\begin{aligned} \tau &= 2\pi\mu p \int_0^{r_2} r^2 dr \\ \tau &= \frac{2\pi\mu p r_2^3}{3} \qquad (2.22) \end{aligned}$$

Usando la expresión (2.22) y el hecho que $p = F/A$, donde $A = \pi r_2^2$, se llega finalmente a:

$$\begin{aligned} \tau &= \frac{2\mu F r_2}{3} \\ \mu &= \frac{3\tau}{2 F r_2} \qquad (2.23) \end{aligned}$$

(b) Para resolver el perfil de temperatura, realizamos un balance diferencial de energía en un volumen diferencial ΔV dentro del disco (ver Fig. 2.7):

$$\begin{aligned} \cancelto{0}{\text{acumulación}} &= \text{entrada} - \text{salida} + \text{generación} - \cancelto{0}{\text{consumo}} \\ 0 &= \text{entrada} - \text{salida} + \text{generación} \\ 0 &= q_{cond,r} - q_{cond,r+dr} + dq_{fric} \qquad (2.24) \end{aligned}$$

El término de generación se determina a partir de la indicación del enunciado:

$$\begin{aligned} dq_{fric} &= \omega d\tau \\ dq_{fric} &= 2\pi\mu\omega pr^2 dr = \frac{2\mu\omega F r^2 dr}{r_2^2} \end{aligned} \tag{2.25}$$

Reemplazando la expresión encontrada en (2.25) en (2.24), junto a los términos correspondientes a la conducción de calor:

$$-2\pi kt\left[\left(r\frac{dT}{dr}\right)_{r=r+dr} - \left(r\frac{dT}{dr}\right)_{r=r}\right] = \frac{2\mu\omega F r^2 dr}{r_2^2}$$

Reordenando esta última ecuación y tomando el límite cuando $dr \to 0$, se obtiene la siguiente ecuación diferencial:

$$\frac{d}{dr}\left(r\frac{dT}{dr}\right) = -\frac{\mu\omega F r^2}{\pi k t r_2^2} \tag{2.26}$$

La que está sujeta a las siguientes condiciones de borde:

C.B. (1): $T(r = r_1) = T_1$

C.B. (2): $\left.\frac{dT}{dr}\right|_{r=r_2} = 0$ (condición de aislante)

Integrando dos veces la ecuación (2.26) con respecto a r, se obtiene

$$T(r) = C_2 + C_1 \ln(r) - \frac{\mu\omega F r^3}{9\pi k t r_2^2} \tag{2.27}$$

Donde C_1 y C_2 son las constantes de integración, las cuales se determinan a partir de las condiciones de borde C.B. (1) y C.B. (2). Una vez encontradas las constantes, el perfil de temperatura en el disco resulta ser:

$$T(r) = T_1 - \frac{\mu\omega F}{9\pi k t r_2^2}\left(r^3 - r_1^3\right) + \frac{\mu\omega F r_2}{3\pi k t}\ln\left(\frac{r}{r_1}\right) \tag{2.28}$$

2.2. Transferencia de masa

2.2.1. *Evaporación de una gotita de agua*

Una gotita de diámetro d se encuentra rodeada por aire inmóvil a una temperatura T. Determine el tiempo necesario para que se evapore completamente si la presión atmosférica es igual a 1 atm. Tenga en cuenta que cuando ocurre la evaporación, la temperatura de la gotita cae a la temperatura de bulbo húmedo T_w, que es un valor estacionario y que corresponde a una presión de vapor de agua p_w. Asuma que a una distancia bastante alejada de la gota, la presión parcial del vapor de agua en el aire es constante e igual a p_∞.
Datos: $d = 3 \cdot 10^{-3}$ m; $T = 26°C$; D_{AB} a 26°C = 2.6 $\cdot 10^{-5}$ m^2/s; $p_\infty = 272$ Pa; $T_w = 16°C$; $p_w = 1818$ Pa; ρ a 16°C = 999 kg/m^3; $PM_{agua} = 18$ kg/kmol; $R = 8.314$ J/(molK).

Solución

Supuestos

- El vapor de agua se puede modelar como gas ideal.
- Se asume difusión pseudoestacionaria para el agua.
- La gotita se evapora únicamente producto de la difusión molecular.

Este problema lo resolveremos mediante un balance de masa en torno a la gotita de agua. Sin embargo, antes de plantearlo, veamos cómo es el flujo molar de agua (N_A) desde la superficie de la gotita hacia los alrededores. Para ello, apliquemos la Ley de Fick en su forma diferencial:

$$\begin{aligned} N_A &= -A_r \cdot D_{AB} \cdot \frac{dC_A}{dr} \\ N_A &= -A_r \cdot \frac{D_{AB}}{RT} \cdot \frac{dp_A}{dr} \end{aligned} \tag{2.29}$$

Donde A_r es:

$$A_r = 4\pi r^2$$

Dado que el flujo N_A es constante en la dirección radial, es decir, no se acumula (supuesto de difusión pseudoestacionaria), podemos integrar la ecuación (2.29) entre la superficie de la gotita, $r = r$ ($p_A = p_w$), y muy lejos de ella, $r = r_\infty$ ($p_A = p_\infty$):

$$
\begin{aligned}
N_A \int_r^\infty \frac{dr}{4\pi r^2} &= -\frac{D_{AB}}{RT} \int_{p_w}^{p_\infty} dp_A \\
-N_A \left(\cancelto{0}{\frac{1}{r_\infty}} - \frac{1}{r} \right) &= \frac{4\pi D_{AB}}{RT} \cdot (p_w - p_\infty) \\
N_A(r) &= \frac{4\pi r D_{AB}}{RT} \cdot (p_w - p_\infty) \qquad (2.30)
\end{aligned}
$$

Con lo cual obtenemos una expresión integrada para N_A que depende únicamente del radio r. Ahora, a partir de la forma general de la ecuación de balance alrededor de la gotita:

$$
\begin{aligned}
\cancelto{0}{\text{entrada}} - \text{salida} + \cancelto{0}{\text{generación}} - \cancelto{0}{\text{consumo}} &= \text{acumulación} \\
-\text{salida} &= \text{acumulación} \qquad (2.31)
\end{aligned}
$$

Donde el término de acumulación está dado por:

$$
\frac{dn_A}{dt} = \text{variación de moles de agua líquida por unidad de tiempo} = \frac{d}{dt}\left(\frac{4\pi r^3 \rho}{3PM_{agua}}\right) \qquad (2.32)
$$

Mientras que el término de salida está dado por la forma integrada de la Ley de Fick (2.30). Si no hubiéramos realizado este paso antes, la ecuación de balance resultante sería una ecuación diferencial parcial, dificultando con ello enormemente su resolución analítica. Así, al reemplazar (2.30) y (2.32) en (2.31), obtenemos:

$$
-\frac{4\pi r D_{AB}(p_w - p_\infty)}{RT} = \frac{4\pi \rho r^2}{PM_{agua}} \frac{dr}{dt}
$$

Finalmente, integrando esta última expresión entre $r(t = t_i) = d/2$ y $r(t = t_f) = 0$ se tiene:

$$
\begin{aligned}
-\frac{D_{AB}(p_w - p_\infty) PM_{agua}}{\rho RT} \int_0^{t_f} dt &= \int_{d/2}^0 r dr \\
t_f = \frac{\rho RT d^2}{8 D_{AB}(p_w - p_\infty) PM_{agua}} & \qquad (2.33)
\end{aligned}
$$

Reemplazando los datos del enunciado en (2.33), encontramos que el tiempo que demora la gotita en evaporarse completamente es:

$$
t_f = 1.07 \text{ h}
$$

Este último valor parece un tanto excesivo dado el radio inicial. Esto podría explicarse debido a que la evaporación se modeló usando solo la Ley de Fick. En el Capítulo 3 veremos como la convección forzada (e.g., velocidad que pueda tener el aire) acelera la evaporación.

2.2.2. *Reacción química en la superficie de un pellet*

Considere una esfera catalítica de radio R (i.e., *pellet*), en cuya superficie tiene lugar una reacción de primer orden del tipo $A \rightarrow B$. Por ser una reacción de superficie, la velocidad de consumo del compuesto A está dada por la expresión $4\pi R^2 k_s C_A|_{r=R}$ (moles/s). La concentración de la especie A a una distancia lejana del *pellet* es conocida e igual a $C_{A\infty}$ ($C_{A\infty} > C_A$). Asuma que la difusividad de A en B es igual a D_{AB}.
(a) Para el estado estacionario y a partir de la Ley de Fick, demuestre que la concentración del compuesto A, entre $R < r < \infty$ está dada por:

$$\frac{C_A}{C_{A\infty}} = 1 - \left(\frac{k_s R}{k_s R + D_{AB}}\right)\frac{R}{r}$$

(b) A partir de (a) estime el flujo molar N_A.

Solución

Supuestos

- Estado estacionario.
- Flujo molar solo en la dirección radial.

(a) A partir de la Ley de Fick, se tiene que el flujo molar de la especie A en la región $R < r < \infty$ es:

$$\begin{aligned} N_A &= -A(r) \cdot D_{AB} \cdot \frac{dC_A}{dr} \\ N_A &= -4\pi r^2 \cdot D_{AB} \cdot \frac{dC_A}{dr} \end{aligned} \tag{2.34}$$

Nótese que el signo menos es debido a que el flujo N_A viaja hacia el *pellet*.

Integrando el flujo molar de la ecuación (2.34) entre $C_A(r = r) = C_A$ y $C_A(r = \infty) = C_{A\infty}$ se tiene:

$$\begin{aligned} N_A \int_r^\infty \frac{dr}{4\pi r^2} &= -D_{AB} \int_{C_A}^{C_{A\infty}} dC_A \\ N_A \left(\cancelto{0}{\frac{1}{r_\infty}} - \frac{1}{r}\right) &= 4\pi D_{AB} \cdot (C_A - C_{A\infty}) \\ N_A(r) &= -4\pi D_{AB} \left(C_A - C_{A\infty}\right) \cdot r \end{aligned} \tag{2.35}$$

Por otra parte, dado que en la superficie del *pellet* ocurre reacción química, podemos encontrar la concentración de A en su superficie mediante la siguiente igualdad:

$$\begin{aligned} \text{consumo de A} &= \text{flujo molar hacia el } \textit{pellet} \\ 4\pi R^2 k_s C_A|_{r=R} &= -4\pi D_{AB}\left(C_A|_{r=R} - C_{A\infty}\right)\cdot R \\ C_A|_{r=R} &= \frac{D_{AB}C_{A\infty}}{k_s R + D_{AB}} \end{aligned} \tag{2.36}$$

Finalmente, dado que N_A es igual en toda la región de interés (estado estacionario), se puede obtener la expresión deseada:

$$\begin{aligned} N_A|_{r=r} &= N_A|_{r=R} \\ 4\pi D_{AB}\left(C_A - C_{A\infty}\right)\cdot r &= 4\pi D_{AB}\left(\frac{D_{AB}C_{A\infty}}{k_s R + D_{AB}} - C_{A\infty}\right)\cdot R \\ C_{A\infty} - C_A &= C_{A\infty}\cdot\frac{R}{r}\left(1 - \frac{D_{AB}}{k_s R + D_{AB}}\right) \\ \frac{C_A}{C_{A\infty}} &= 1 - \left(\frac{k_s R}{k_s R + D_{AB}}\right)\frac{R}{r} \end{aligned} \tag{2.37}$$

(b) Dado que N_A es constante, el flujo molar de A es igual en todas partes, en particular, en su superficie:

$$\begin{aligned} N_A &= N_A|_{r=R} = 4\pi R^2 k_s C_A|_{r=R} \\ N_A &= 4\pi R^2 k_s\cdot\frac{D_{AB}C_{A\infty}}{k_s R + D_{AB}} \end{aligned} \tag{2.38}$$

Se deja al lector la tarea de resolver este problema mediante la técnica de balances diferenciales. En todo caso, si este fuera el camino a seguir, se obtendría que la ecuación diferencial resultante es:

$$\frac{d}{dr}(r^2\frac{dC_A}{dr}) = 0$$

Como la ecuación diferencial es de segundo orden, se necesitan dos condiciones de borde. La primera de ellas se encuentra en $r = R$; producto del estado estacionario, la velocidad de reacción es igual al flujo de N_A que llega a la superficie del *pellet* (que es distinto a decir que la concentración en $r = R$ es igual a cero). La segunda se encuentra en $r = \infty$; aquí la concentración de A es conocida e igual a $C_{A\infty}$.

2.2.3. *Combustión de una partícula de carbón esférica*

Una partícula de carbón de diámetro inicial $2R_0$, es quemada en presencia de oxígeno puro a una temperatura de T y a una presión p, de acuerdo a la reacción:

$$C + O_2 \longrightarrow CO_2$$

Asuma que una película de CO_2 se forma alrededor de la partícula, tal que en su superficie $p_{CO_2} = P_{CO_2,0}$ y $p_{O_2} = 0$; mientras que lejos de la partícula las presiones parciales son 0 atm y $P_{O_2,\infty}$, respectivamente. Mediante la ley generalizada de Fick, determine el flujo molar de CO_2 al iniciarse la combustión.

Solución

Supuestos

- Estado estacionario.
- Flujo molar solo en la dirección radial.

La siguiente relación muestra que para formar un mol de CO_2, se consume un mol de O_2,

$$N_{CO_2} = -N_{O_2} \tag{2.39}$$

La difusión de O_2 en CO_2 formulada mediante la ley generalizada de Fick es:

$$\left(\frac{N_{O_2}}{A}\right)_r = -\frac{D_{AB}}{RT} \cdot \frac{dp_{O_2}}{dr} + y_{O_2}\left[\left(\frac{N_{O_2}}{A}\right)_r + \left(\frac{N_{CO_2}}{A}\right)_r\right] \tag{2.40}$$

Donde p_{O_2} es la presión parcial del oxígeno. Utilizando (2.39), la ecuación (2.40) se reduce al caso de contradifusión molecular:

$$\left(\frac{N_{O_2}}{A}\right)_r = -\frac{D_{AB}}{RT} \cdot \frac{dp_{O_2}}{dr} \tag{2.41}$$

Considerando las condiciones de borde, $p_{O_2}(r = R_0) = 0$ y $p_{O_2}(r = \infty) = P_{O_2,\infty}$, la ecuación (2.41) se puede integrar, obteniéndose:

$$N_{O_2} = -\frac{4\pi R_0 D_{AB} P_{O_2,\infty}}{RT}$$

Nótese que el signo menos es debido a que la difusión de O_2 ocurre hacia la partícula, en dirección contraria a la del CO_2.

Finalmente, de acuerdo a la relación (2.39), el flujo molar de dióxido de carbono es:

$$N_{CO_2} = \frac{4\pi R_0 D_{AB} P_{O_2,\infty}}{RT}$$

2.2.4. *Ecuación general de transferencia de masa para un gas ideal*

Derive la siguiente ecuación general para transferencia de masa por difusión y convección inducida. Para ello, utilice la ley generalizada de Fick y asuma área constante y gases ideales.

$$N_A/A = \frac{N_A/A}{N_A/A + N_B/A} \cdot \frac{D_{AB} \cdot p}{RT(z_2 - z_1)} \ln \left(\frac{y_{A,2} - \dfrac{N_A/A}{N_A/A + N_B/A}}{y_{A,1} - \dfrac{N_A/A}{N_A/A + N_B/A}} \right)$$

Solución

De acuerdo a la ley generalizada de Fick, se tiene que la expresión para el *flux* molar para un gas ideal es:

$$N_A/A = -\frac{D_{AB} \cdot p}{RT} \cdot \frac{dy_A}{dz} + y_A \left(N_A/A + N_B/A \right) \tag{2.42}$$

Si se asume que además la transferencia ocurre en estado estacionario y es unidireccional (z), el *flux* molar es constante. A continuación, si multiplicamos la ecuación (2.42) por N_A/A se obtiene:

$$N_A/A \cdot N_A/A = -N_A/A \cdot \frac{D_{AB} \cdot p}{RT} \cdot \frac{dy_A}{dz} + N_A/A \cdot y_A \left(N_A/A + N_B/A \right) \tag{2.43}$$

Reordenando la ecuación (2.43) se obtiene:

$$N_A/A \left[N_A/A - y_A \left(N_A/A + N_B/A \right) \right] = -N_A/A \cdot \frac{D_{AB} \cdot p}{RT} \cdot \frac{dy_A}{dz}$$

$$N_A/A = -\frac{N_A/A}{N_A/A - y_A \left(N_A/A + N_B/A \right)} \cdot \frac{D_{AB} \cdot p}{RT} \cdot \frac{dy_A}{dz} \tag{2.44}$$

Finalmente, integrando la ecuación (2.44) entre las condiciones $y_A(z = z_1) = y_{A,1}$ e $y_A(z = z_2) = y_{A,2}$, se obtiene:

$$N_A/A = -\frac{N_A/A}{\left(N_A/A + N_B/A \right) \left[\left(N_A/A \right) / \left(N_A/A + N_B/A \right) - y_A \right]} \cdot \frac{D_{AB} \cdot p}{RT} \cdot \frac{dy_A}{dz}$$

$$N_A/A \int_{z_1}^{z_2} dz = -\frac{N_A/A \cdot D_{AB} \cdot p}{RT} \int_{y_{A,1}}^{y_{A,2}} \frac{dy_A}{\left(N_A/A \right) / \left(N_A/A + N_B/A \right) - y_A}$$

$$N_A/A(z_2 - z_1) = \frac{N_A/A}{N_A/A + N_B/A} \cdot \frac{D_{AB} \cdot p}{RT} \ln \left(\frac{\dfrac{N_A/A}{N_A/A + N_B/A} - y_{A,2}}{\dfrac{N_A/A}{N_A/A + N_B/A} - y_{A,1}} \right)$$

$$N_A/A = \frac{N_A/A}{N_A/A + N_B/A} \cdot \frac{D_{AB} \cdot p}{RT(z_2 - z_1)} \ln \left(\frac{y_{A,2} - \dfrac{N_A/A}{N_A/A + N_B/A}}{y_{A,1} - \dfrac{N_A/A}{N_A/A + N_B/A}} \right)$$

Esta corresponde a la expresión que se quería demostrar. Esta expresión es válida para todos los casos, excepto para contradifusión equimolar, ya que el término $N_A/A + N_B/A$ es nulo.

2.2.5. *Velocidad másica media*

Una mezcla binaria (A y B) fluye por una cañería en la dirección z. En una sección z_0 del conducto se han determinado algunas variables del flujo de la mezcla. Si la difusividad D_{AB} corresponde a 0.25 cm^2/s y los pesos moleculares de A y B son 72 y 26 g/mol, respectivamente, determine:
(a) La fracción másica de A, w_A.
(b) La velocidad media másica.
(c) El gradiente de concentración molar de A, $\frac{dC_A}{dz}$.
<u>*Datos*</u>: $p_{total}(z = z_0) = 720$ torr; $T = 20°\text{C}$; $\rho_A(z = z_0) = 0.66$ kg/m^3; velocidad media molar $= 0.55$ m/s; flujo másico de $A = 0.02$ kg/(m^{2}s) (medido según coordenadas fijas).

Solución

(a) La concentración molar total C es:

$$C = \frac{p}{RT}$$

Donde p y T corresponden a la presión total y a la temperatura entregada en los datos. De aquí se obtiene:

$$C = 3.94 \cdot 10^{-2}\ \text{kmol/m}^3$$

A partir del dato de densidad de A se calculan sucesivamente los siguientes términos:

$$\begin{aligned}
C_A &= \rho_A/PM_A = 9.167 \cdot 10^{-3}\ \text{kmol/m}^3 \\
C_B &= C - C_A = 3.023 \cdot 10^{-2}\ \text{kmol/m}^3 \\
\rho_B &= C_B PM_B = 0.786\ \text{kg/m}^3 \\
\rho &= \rho_A + \rho_B = 1.446\ \text{kg/m}^3
\end{aligned}$$

La fracción másica de A es:

$$\begin{aligned}
w_A &= \frac{\rho_A}{\rho} \\
w_A &= 0.456
\end{aligned}$$

(b) Utilizando el dato de flujo másico $n_A = 0.02$ kg/(m^{2}s), se tiene:

$$\begin{aligned}
n_A &= \rho_A v_A \\
v_A &= 3.03 \cdot 10^{-2}\ \text{m/s}
\end{aligned}$$

A partir de la definición de velocidad media molar se calcula v_B usando que $v^* = 0.55$ m/s.

$$\begin{aligned}
Cv^* &= C_A v_A + C_B v_B \\
v_B &= 0.71\ \text{m/s}
\end{aligned}$$

Por otra parte, la velocidad media másica es:

$$\begin{aligned} \rho v &= \rho_A v_A + \rho_B v_B \\ v &= 0.40 \text{ m/s} \end{aligned}$$

(c) La expresión para el flujo de materia, en base molar, está dada por:

$$J_A^* = C_A \cdot (v_A - v^*) = 9.167 \cdot 10^{-3} \cdot (3.03 \cdot 10^{-2} - 0.55) = -4.76 \cdot 10^{-3} \text{ kmol/(m}^2\text{s)}$$

Y usando la Ley de Fick:

$$\begin{aligned} J_A^* &= -D_{AB} \frac{dC_A}{dz} \\ \frac{dC_A}{dz} &= 190.6 \text{ kmol/m}^4 \end{aligned}$$

2.3. Transporte de cantidad de movimiento

2.3.1. *Deducción del perfil de velocidades de un fluido newtoniano en una cañería inclinada*

Considere un fluido incompresible que escurre al interior de una cañería circular e inclinada, de largo L. Determine el perfil de velocidades para el fluido, si este se encuentra sometido a una diferencia de presión $\Delta P = P_L - P_0$. Asuma estado estacionario.

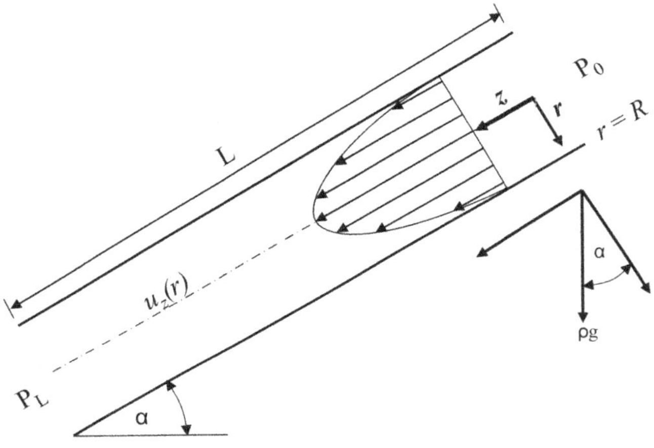

Figura 2.8: *Flujo dentro de una tubería circular inclinada.*

Solución

Supuestos

- Flujo laminar e incompresible.
- Estado estacionario.

En este problema deberemos considerar el componente de la fuerza de gravedad paralela a la cañería, junto a la diferencia de presión, tal como se muestra en la Figura 2.8.

Para encontrar el perfil de velocidades es necesario plantear un balance diferencial en la cañería. Según la Ley de Newton, el *flux* de momentum puede ser expresado como:

$$\tau_{zr} = -\mu \cdot \frac{du_z}{dr}$$

El balance diferencial se realizará en un cilindro diferencial hueco (de espesor Δr) al interior de la cañería. La elección de este volumen de control se debe a la geometría de la cañería y a que solo en la coordenada r el *flux* de momentum cambia. Tomando en cuenta que no existe acumulación, el balance diferencial resulta:

$$\tau_{zr} \cdot A\Big|_r + \dot{\psi}_g = \tau_{zr} \cdot A\Big|_{r+\Delta r}$$

Donde el primer término corresponde al flujo que entra, el segundo a la generación y el tercero al flujo que sale del volumen de control. El área A corresponde al área perpendicular al *flux*. El término de generación, $\dot{\psi}_g$, considera la fuerza de gravedad (en dirección z) y el cambio de presión a lo largo de la cañería:

$$\dot{\psi}_g = \rho g \sin\alpha \cdot (2\pi r \Delta r \Delta z) - (P_{z+\Delta z} - P_z) \cdot 2\pi r \Delta r$$

Así, si reemplazamos el término anterior y consideramos que el área del manto del cilindro diferencial es $A = 2\pi r \Delta z$, se obtiene:

$$\tau_{zr} \cdot 2\pi r \Delta z\Big|_{r+\Delta r} - \tau_{zr} \cdot 2\pi r \Delta z\Big|_r = \rho g \sin\alpha \cdot (2\pi r \Delta r \Delta z) - (P_{z+\Delta z} - P_z) \cdot 2\pi r \Delta r$$

Dividiendo ambos lados de la ecuación anterior por el diferencial de volumen $\Delta V = 2\pi r \Delta r \Delta z$, y tomando el límite cuando $\Delta r \to 0$ y $\Delta z \to 0$, se obtiene:

$$\frac{1}{r}\frac{d(r\tau_{zr})}{dr} = \rho g \sin\alpha - \frac{dP}{dz} \tag{2.45}$$

Nótese que la ec. (2.45) es equivalente a la ec. (A.23) del Apéndice, una vez que se han retirado los términos nulos y se ha reemplazado el *flux* de momentum por su definición.

Si definimos como k a todos los términos constantes del lado derecho de la ecuación (2.45) y luego integramos, se obtiene

$$r\tau_{zr} = \frac{r^2}{2} \cdot k + C_1 \tag{2.46}$$

La primera condición de borde indica que la velocidad máxima ocurre en el centro de la cañería ($r = 0$):

$$\tau_{zr}\Big|_{r=0} = -\mu \cdot \overbrace{\frac{du_z}{dr}\Big|_{r=0}}^{0}$$

Por lo tanto, $C_1 = 0$. Reemplazando la definición de τ_{zr} en la ecuación (2.46), se obtiene:

$$-\mu \cdot \frac{du_z}{dr} = \frac{r}{2} \cdot k$$

Integrando,

$$u_z(r) = C_2 - \frac{kr^2}{4\mu} \tag{2.47}$$

Como segunda condición de borde, tenemos que la velocidad del fluido en contacto con la pared de la cañería ($r = R$) es cero. Es decir:

$$u_z(r = R) = 0$$

Reemplazando la segunda condición de borde en la ecuación (2.47), se obtiene:

$$C_2 = \frac{kR^2}{4\mu}$$

Finalmente, reemplazando el valor C_2 en la ecuación (2.47), se obtiene:

$$u_z(r) = \frac{k}{4\mu} \cdot (R^2 - r^2) = \frac{1}{4\mu} \left(\rho g \sin\alpha - \frac{\Delta P}{L} \right) \cdot (R^2 - r^2)$$

Donde el diferencial de presión fue reemplazado por $\frac{\Delta P}{L}$, ya que es constante a lo largo de la cañería.

2.3.2. *Bañado de un alambre*

Un alambre metálico de diámetro $2R$ se desplaza en forma ascendente, a velocidad constante U_0. Este pasa por un baño líquido de plástico, el cual se adhiere al alambre; posteriormente, el alambre entra a un horno eléctrico donde el plástico (aislante) se seca completamente. Durante el proceso descrito anteriormente, la fuerza de gravedad actúa haciendo escurrir el plástico hacia abajo. Considere el sistema en *estado estacionario, régimen laminar y abierto a la atmósfera*. El plástico en estado líquido, de espesor d, se comporta como un *fluido newtoniano, incompresible* y cuyas propiedades físicas permanecen constantes. Determine el perfil de velocidad $U_z(r)$ para el plástico que se deposita sobre el alambre antes de entrar al horno. Grafique cualitativamente el perfil de velocidad. Para ello, use las ecuaciones de Navier-Stokes (N-S) para resolver el problema cuando:

(a) La derivada de la velocidad en $r = R + d$ es nula. Grafique cualitativamente el perfil resultante.

(b) La velocidad en $r = R + d$ es conocida e igual a U_f (descendente). Grafique cualitativamente el perfil resultante.

(c) Resuelva nuevamente el problema usando ahora el balance generalizado unidireccional con generación.

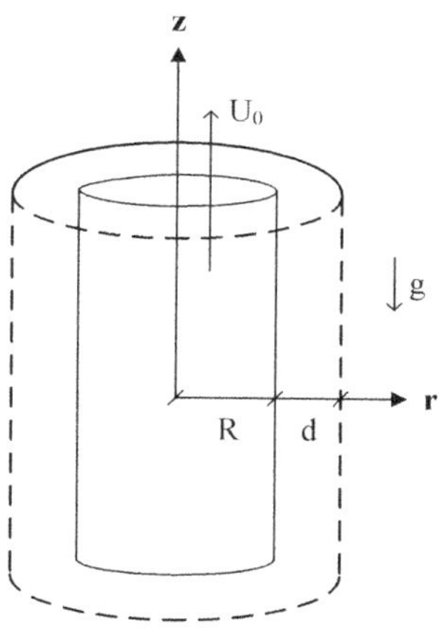

Figura 2.9: *Esquema del bañado del alambre.*

Solución

Supuestos

- Estado estacionario y régimen laminar.
- Fluido newtoniano e incompresible.

(a) Dado que $U_\theta = 0$ y que la velocidad $U_z(r)$ no depende de z, la ecuación de Navier-Stokes para coordenadas cilíndricas (Apéndice (A.4b)) en la dirección $\hat{z}$, donde $g_z = -g$, resulta:

$$\hat{z} : 0 = -g + \nu \frac{\partial^2 U_z}{\partial r^2} + \frac{\nu}{r} \frac{\partial U_z}{\partial r} \tag{2.48}$$

La ecuación (2.48) se puede factorizar de una forma conveniente, facilitando enormemente su integración:

$$g\rho = \frac{\mu}{r} \frac{\partial}{\partial r} \left(r \cdot \frac{\partial U_z}{\partial r} \right) \tag{2.49}$$

Para resolver la ecuación (2.49) se necesitan dos condiciones de borde, ya que la ecuación diferencial es de orden 2.

C.B. (1): La velocidad del fluido en la pared es igual a la velocidad de la pared:

$$U_z(r = R) = U_0$$

C.B. (2): La derivada de la velocidad en $r = R + d$ es nula. Físicamente, esta condición implica que no se transmite momentum al aire, es decir, el aire se comporta como un *aislante*. Esta condición de borde surge naturalmente en situaciones como la aquí descrita.

$$\left.\frac{\partial U_z}{\partial r}\right|_{r=R+d} = 0$$

Por lo tanto, la C.B. (2) también se puede escribir como:

$$\left.\tau_{rz}\right|_{r=R+d} = 0$$

Integrando la ecuación (2.49) se obtiene:

$$r \cdot \frac{\partial U_z}{\partial r} = \frac{g\rho}{\mu}\frac{r^2}{2} + C_1 \qquad (2.50)$$

Reemplazando la C.B. (2) se obtiene:

$$C_1 = -\frac{g\rho}{\mu}\frac{(R+d)^2}{2}$$

Integrando nuevamente la ecuación (2.50):

$$U_z(r) = \frac{g\rho r^2}{4\mu} + C_1 \ln(r) + C_2 \qquad (2.51)$$

Reemplazando C_1 en la ecuación (2.51) y utilizando la C.B. (1), obtenemos:

$$C_2 = U_0 - \frac{g\rho}{\mu} \cdot \frac{R^2}{4} + \ln(R)\frac{g\rho}{2\mu}(R+d)^2$$

Finalmente, reemplazando C_2 en la ecuación (2.51), se obtiene:

$$U_z(r) = U_0 + \frac{g\rho}{2\mu} \cdot (R+d)^2 \cdot \ln\left(\frac{R}{r}\right) - \frac{g\rho R^2}{4\mu} \cdot \left[1 - \left(\frac{r}{R}\right)^2\right]$$

Cualitativamente, el perfil de velocidad se muestra en la Figura 2.10.

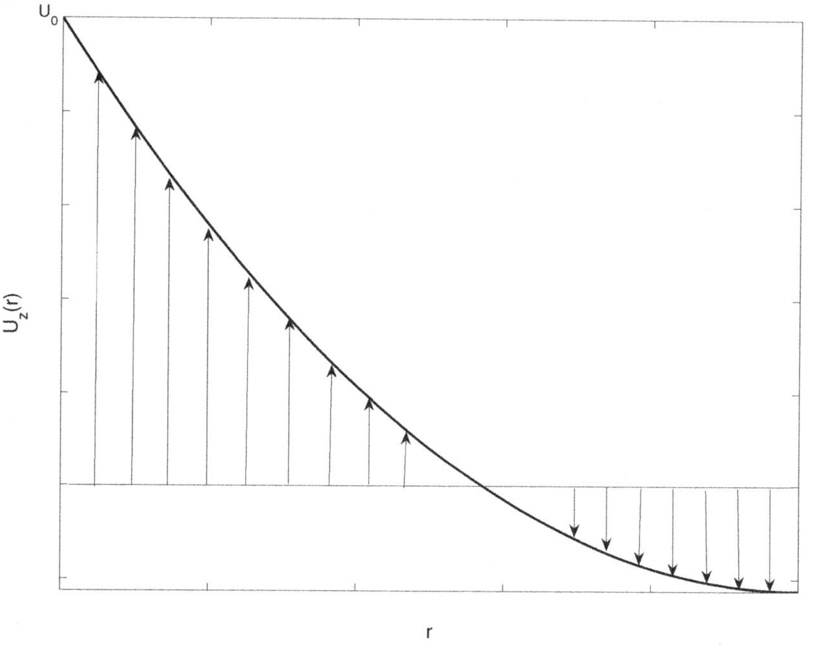

Figura 2.10: *Perfil de velocidades del plástico.*

(b) Aquí, la ecuación (2.49) sigue siendo válida ($U_r = 0$ en la ecuación de N-S), pero ahora la nueva C.B. (2) es:

$$U_z(r = R + d) = -U_f$$

Integrando (2.49) se llega a la ecuación (2.51), que es:

$$U_z(r) = \frac{g\rho}{\mu}\frac{r^2}{4} + C_1 \ln(r) + C_2$$

Reemplazando las condiciones de borde C.B. (1) y la nueva C.B. (2), se obtiene el siguiente sistema de ecuaciones:

$$\begin{aligned} U_0 &= \frac{g\rho}{\mu}\frac{R^2}{4} + C_1 \ln(R) + C_2 \\ -U_f &= \frac{g\rho}{\mu}\frac{(R+d)^2}{4} + C_1 \ln(R+d) + C_2 \end{aligned}$$

Resolviendo las ecuaciones para C_1 y C_2, se obtiene que:

$$C_1 = \frac{U_f + U_0 + g\rho/4\mu\,(2Rd + d^2)}{\ln(R/(R+d))}$$
$$C_2 = \frac{U_0 \ln(R+d) + U_f \ln(R) - g\rho/4\mu\,(R^2 \ln(R+d) - (R+d)^2 \ln(R))}{\ln((R+d)/R)}$$

Reemplazando estas constantes en la ecuación (2.51) se llega al perfil de velocidades $U_z(r)$, el cual cualitativamente se muestra en la Figura 2.11.

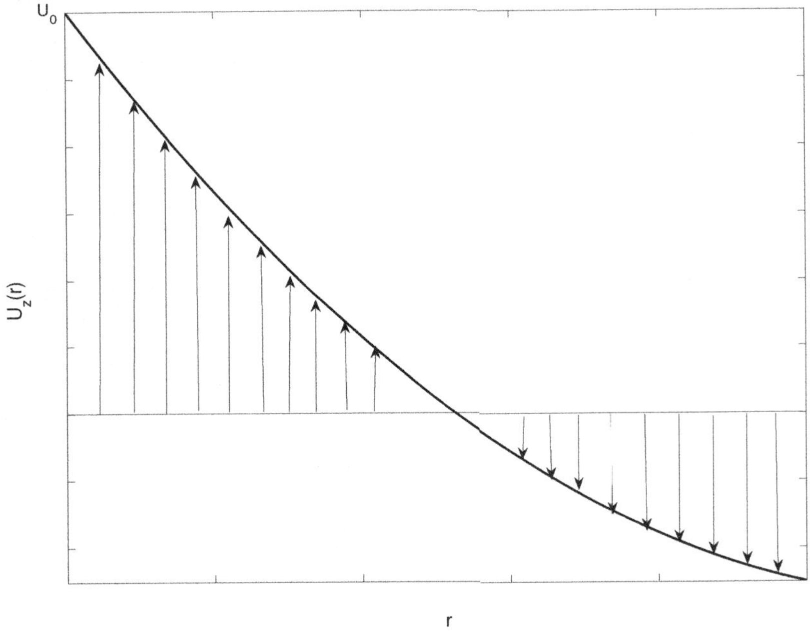

Figura 2.11: *Perfil de velocidades del plástico.*

Si comparamos esta figura con la Figura 2.10, vemos que los perfiles de velocidad difieren más notoriamente cuando r se acerca a $R + d$.

(c) Si tomamos como punto de partida a un cilindro diferencial de espesor Δr (Fig. 2.12), vemos que el *flux* τ_{zr} es perpendicular al área $A = 2\pi rL$. La fuerza de gravedad que actúa sobre el plástico es $F = -\rho g \Delta V$, donde $\Delta V = 2\pi rL\Delta r$ es el volumen del baño líquido del plástico.

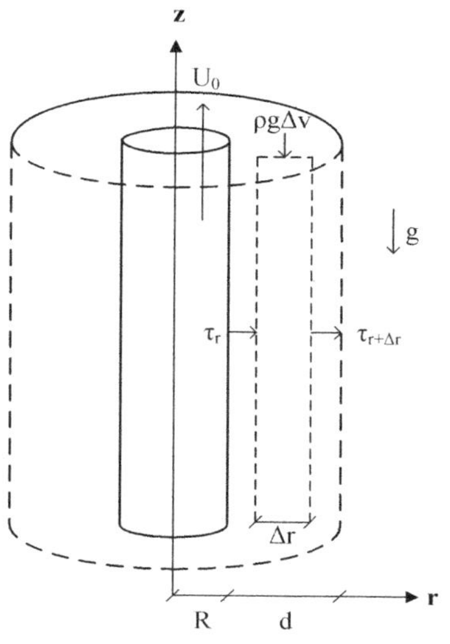

Figura 2.12: *Diagrama del alambre con el baño de plástico.*

Entonces, la ecuación de balance unidireccional es la siguiente:

$$\begin{aligned} \text{salida} - \text{entrada} &= \text{generación} \\ \tau_{zr} \cdot 2\pi r L\Big|_{r+\Delta r} - \tau_{zr} \cdot 2\pi r L\Big|_{r} &= -g\rho 2\pi r L \Delta r \end{aligned}$$

En este caso, la única fuente de generación es producto de la fuerza de gravedad. Dividiendo ambos lados de la ecuación por Δr se obtiene:

$$\frac{\tau_{zr} \cdot r\Big|_{r+\Delta r} - \tau_{zr} \cdot r\Big|_{r}}{r\Delta r} = -g\rho$$

Considerando $\Delta r \to 0$, se obtiene la ecuación diferencial:

$$\frac{1}{r}\frac{\partial}{\partial r}(r \cdot \tau_{zr}) = -g\rho \tag{2.52}$$

Además, reemplazando τ_{zr} por la Ley de Newton:

$$\tau_{zr} = -\mu \frac{\partial U_z}{\partial r} \tag{2.53}$$

Se obtiene finalmente,

$$\frac{\mu}{r}\frac{\partial}{\partial r}\left(r \cdot \frac{\partial U_z}{\partial r}\right) = g\rho$$

Nótese que la ecuación obtenida mediante balances diferenciales es idéntica a la que se obtuvo aplicando las ecuaciones de Navier-Stokes.

2.3.3. *Perfil de temperatura de un fluido que circula por un intercambiador de calor*

Un fluido incompresible fluye a través de un intercambiador de calor largo L (Fig. 2.13). El líquido refrigerante hace que la pared de la cañería se mantenga a una temperatura constante T_w. El fluido posee un perfil parabólico de velocidades, descrito por la ecuación (2.54). El fluido entra al equipo a una temperatura uniforme T_0 ($T_0 > T_w$). Como información adicional, asuma que el fluido posee densidad ρ, conductividad k y capacidad calorífica c_p.

$$U_z(r) = 2u_0\left[1 - \left(\frac{r}{R}\right)^2\right] \tag{2.54}$$

Donde u_0 es la velocidad promedio y R el radio de la cañería. Determine la ecuación diferencial junto a las condiciones de borde que describen el perfil de temperatura del fluido en estado estacionario. *No resuelva la ecuación diferencial resultante.*

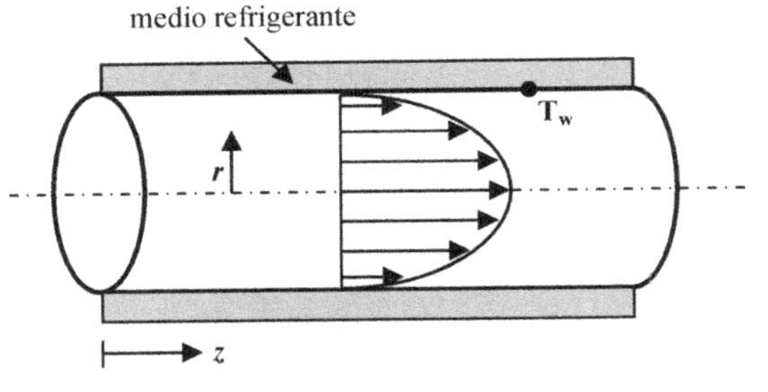

Figura 2.13: *Perfil de velocidad al interior del intercambiador de calor.*

Solución

Supuestos

- Transferencia de calor en estado estacionario.
- Fluido incompresible.

Para resolver este problema, podemos utilizar la ecuación (A.15) del Apéndice:

$$\cancelto{0}{\frac{\partial T}{\partial t}} + \cancelto{0}{U_r \frac{\partial T}{\partial r}} + \cancelto{0}{\frac{U_\theta}{r}} \frac{\partial T}{\partial \theta} + U_z \frac{\partial T}{\partial z} = \cancelto{0}{\frac{\dot{T}_G}{\rho c_p}} + \frac{1}{r}\frac{\partial}{\partial r}\left(r\alpha \frac{\partial T}{\partial r}\right) + \frac{1}{r^2}\frac{\partial}{\partial \theta}\cancelto{0}{\left(\alpha \frac{\partial T}{\partial \theta}\right)} + \frac{\partial}{\partial z}\left(\alpha \frac{\partial T}{\partial z}\right)$$

Donde las eliminaciones se debieron a que:

1. No hay acumulación de energía, es decir, transferencia en estado estacionario.
2. Solo hay velocidad en la dirección z, por lo tanto $U_r = U_\theta = 0$. El perfil de velocidades en z corresponde al señalado por la ecuación (2.54).
3. T no depende de θ.

Con lo cual podemos concluir que $T(r,z)$. Esto origina que la ecuación diferencial resultante sea una ecuación diferencial parcial:

$$2u_0\left[1 - \left(\frac{r}{R}\right)^2\right]\frac{\partial T}{\partial z} = \frac{\alpha}{r}\frac{\partial}{\partial r}\left(r\frac{\partial T}{\partial r}\right) + \alpha\frac{\partial}{\partial z}\left(\frac{\partial T}{\partial z}\right)$$

Donde $\alpha = k/(\rho c_p)$. Por último, se deben encontrar las condiciones de borde que permiten resolver el modelo encontrado. Estas condiciones deben ser cuatro, pues la ecuación diferencial es de segundo orden en las variables r y z. Como parte del enunciado podemos identificar a las dos primeras:

C.B. (1): para $z = 0$, $T(r,0) = T_0$

C.B. (2): para $r = R$, $T(R,z) = T_w$

Las últimas dos condiciones de borde son más difíciles de encontrar. En primer lugar, podemos invocar una condición de simetría a lo largo del eje z. De esta manera, se tiene que la temperatura en el eje z alcanza un máximo o un mínimo (en este caso es un máximo, pues $T_0 > T_w$). La última condición de borde la podemos plantear al final de la cañería. Aquí imponemos que la temperatura se estabiliza en algún valor constante, pero desconocido. Matemáticamente, estas dos nuevas condiciones de borde se expresan como:

C.B. (3): para $r = 0$ y $\forall\, z$, $\frac{\partial T}{\partial r} = 0$

C.B. (4): para $z = L$ y $\forall\, r$, $\frac{\partial T}{\partial z} = 0$

2.3.4. *Perfil de velocidad en tubos concéntricos*

Un fluido incompresible de viscosidad μ y densidad ρ constantes, fluye a través de la región comprendida entre dos cilindros circulares coaxiales de radios kR y R, como se indica en la Figura 2.14. La cañería posee un largo L y se encuentra en posición horizontal. El fluido se mueve producto de un gradiente de presión conocido e igual a $\frac{\Delta P}{L}$.

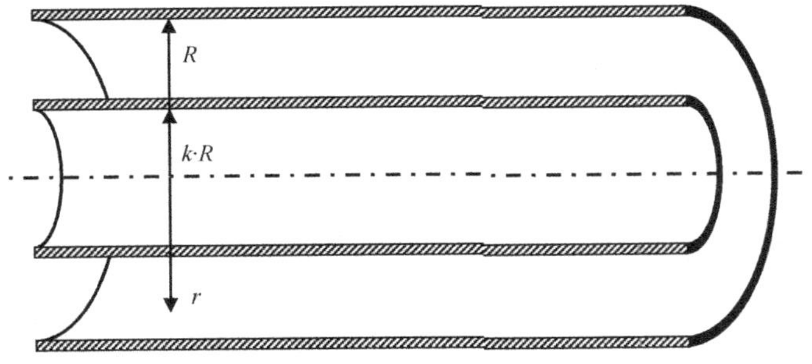

Figura 2.14: *Esquema de los tubos concéntricos. El fluido viaja por la sección anular $kR < r < R$.*

(a) Plantee un modelo diferencial que describa el perfil de velocidad en la sección anular.
(b) ¿Cuántas condiciones de borde se requieren para resolver el perfil?, ¿cuáles son?
(c) Integre la o las ecuaciones diferenciales obtenidas en (a).
(d) Reemplace las condiciones de borde y obtenga el perfil de velocidad.

Solución

Supuestos

- Estado estacionario.
- Fluido incompresible.

(a) Utilizando las ecuaciones de Navier-Stokes del Apéndice (A.4) para coordenadas cilíndricas y tomando en cuenta que $U_z(r) \neq 0$, $U_r = 0$ y $U_\theta = 0$, entonces:

$$\hat{r} \; : \; 0 = -\frac{1}{\rho}\left(\frac{\partial P}{\partial r}\right) \tag{2.55}$$

$$\hat{\theta} \; : \; 0 = -\frac{1}{\rho r}\left(\frac{\partial P}{\partial \theta}\right) \tag{2.56}$$

$$\hat{z} \; : \; U_z\frac{\partial U_z}{\partial z} = -\frac{1}{\rho}\left(\frac{\partial P}{\partial z}\right) + \nu\frac{\partial^2 U_z}{\partial r^2} + \frac{\nu}{r}\frac{\partial U_z}{\partial r} \tag{2.57}$$

Por otra parte, la ecuación de continuidad en coordenadas cilíndricas se transforma en:

$$\frac{1}{r}\frac{\partial (rU_r)}{\partial r} \overset{0}{} + \frac{1}{r}\frac{\partial U_\theta}{\partial \theta} \overset{0}{} + \frac{\partial U_z}{\partial z} = 0 \tag{2.58}$$

Por lo tanto, la ecuación (2.57) se transforma en:

$$\frac{1}{\rho}\left(\frac{\partial P}{\partial z}\right) = \frac{\mu}{\rho}\frac{\partial^2 U_z}{\partial r^2} + \frac{\mu}{r\rho}\frac{\partial U_z}{\partial r} \tag{2.59}$$

Aquí se utilizó la definición $\nu = \mu/\rho$. La ecuación (2.59) se puede factorizar convenientemente como:

$$\left(\frac{\partial P}{\partial z}\right) = \frac{\mu}{r}\frac{d}{dr}\left(r\frac{dU_z}{dr}\right) \tag{2.60}$$

(b) Las condiciones de borde que se requieren para resolver la ecuación (2.60) son las siguientes:

$$U_z(r = kR) = 0 \text{ (velocidad en la pared interna nula)} \tag{2.61}$$

$$U_z(r = R) = 0 \text{ (velocidad en la pared externa nula)} \tag{2.62}$$

$$\frac{\partial P}{\partial z} = \frac{\Delta P}{L} \text{ (gradiente de presión constante en la dirección } \hat{z}) \tag{2.63}$$

(c) Considerando la condición de borde (2.63) en la ecuación (2.60) se obtiene:

$$\frac{\Delta P}{\mu L} = \frac{1}{r}\frac{d}{dr}\left(r\cdot\frac{dU_z}{dr}\right)$$

Si definimos como β el lado izquierdo de la ecuación anterior e integramos dos veces, se obtiene

$$U_z = \frac{\beta r^2}{4} + C_1\ln(r) + C_2 \tag{2.64}$$

Utilizando las condiciones de borde (2.61) y (2.62), se obtiene que:

$$C_1 = \frac{1}{4}\frac{\beta R^2(1-k^2)}{\ln(k)}$$

$$C_2 = -\frac{1}{4}\frac{\beta R^2\left(\ln(k) + \ln(R)\left(1-k^2\right)\right)}{\ln(k)}$$

Finalmente, reemplazando C_1, C_2 y β se obtiene el perfil de velocidad buscado:

$$U_z = -\frac{\Delta P R^2}{4\mu L}\left[1 - \left(\frac{r}{R}\right)^2 + \left(\frac{1-k^2}{\ln(1/k)}\right)\ln\left(\frac{r}{R}\right)\right]$$

Se plantea al lector resolver este problema mediante el uso de un balance diferencial en un elemento de volumen en la sección anular.

2.3.5. *Flujo radial entre dos discos paralelos*

Un sistema de lubricación consta de dos discos circulares entre los que fluye radialmente un lubricante. El flujo se debe a una diferencia de presión entre los radios interno y externo, r_1 y r_2, como el mostrado en la Figura 2.15. En este problema deberá:

(a) Simplificar las ecuaciones de continuidad y movimiento para el sistema en cuestión, suponiendo que el flujo es newtoniano, incompresible, laminar y estacionario. Considérese la región $r_1 \leq r \leq r_2$, y supóngase que el fluido está dirigido radialmente, de forma que $U_\theta = U_z = 0$.

(b) Demuestre que usando la ecuación de continuidad se puede simplificar la ecuación de movimiento, y obtener que:

$$-\rho\frac{\phi^2}{r^3} = -\frac{dp}{dr} + \frac{\mu}{r}\frac{d^2\phi}{dz^2}$$

donde $\phi = rU_r$ es una función exclusiva de z. ¿Por qué ϕ es independiente de r?

(c) Si se supone *flujo reptante* (i.e., valores de Re inferiores a 0.1), el término no lineal (ϕ^2/r^3) es despreciable. Plantee cuidadosamente las condiciones de borde de este problema y encuentre el perfil de velocidad del fluido $U_r(r,z)$.

(d) A partir del perfil de velocidad encontrado en (c), determine la velocidad promedio $\bar{U}$ y el flujo volumétrico Q que abandona a los discos.

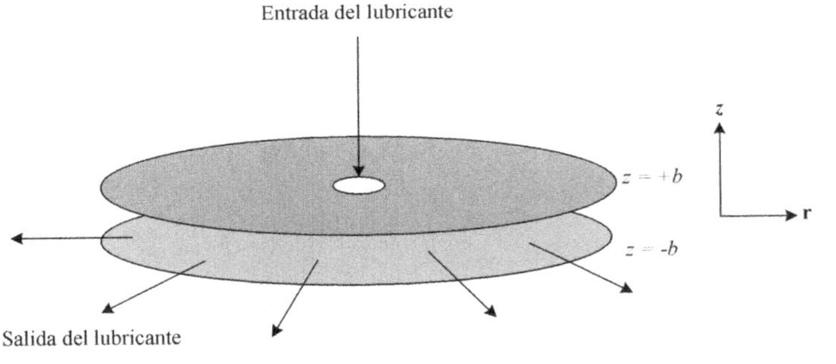

Figura 2.15: *Discos paralelos.*

Indicación: Suponga que se desea resolver la siguiente ecuación diferencial:

$$\begin{aligned}\phi(x)\frac{d\psi(x)}{dx} &= \kappa(y)\frac{d^2\chi(y)}{dy^2}\\ f(x) &= g(y)\end{aligned}$$

Dado que f y g son funciones de variables independientes distintas, la única opción para que se cumpla la igualdad es que ambas sean iguales a una constante, es decir,

$$\phi(x)\frac{d\psi(x)}{dx} = \Omega$$
$$\kappa(y)\frac{d^2\chi(y)}{dy^2} = \Omega$$

Donde Ω corresponde a una constante de separación.

Solución

Supuestos y simplificaciones

- Estado estacionario y fluido incompresible.
- Solo hay velocidad en la dirección radial ($\hat{r}$), la cual es independiente de θ (simetría del problema).
- No hay componente en $\hat{r}$ del peso ($g_r = 0$).
- La presión varía fundamentalmente con la posición radial (r) y no axial (z).

(a) En primer lugar, simplificamos la ecuación de continuidad en coordenadas cilíndricas del Apéndice (A.7) para un fluido incompresible, en estado estacionario:

$$\frac{1}{r}\frac{\partial(rU_r)}{\partial r} + \cancelto{0}{\frac{1}{r}\frac{\partial U_\theta}{\partial \theta}} + \cancelto{0}{\frac{\partial U_z}{\partial z}} = 0$$
$$\frac{\partial}{\partial r}(rU_r) = 0 \tag{2.65}$$

A continuación, simplificamos la ecuación de Navier-Stokes para el componente radial ($\hat{r}$), usando nuevamente los supuestos del problema:

$$\hat{r}: \cancelto{0}{\frac{\partial U_r}{\partial t}} + U_r\frac{\partial U_r}{\partial r} + \cancelto{0}{\frac{U_\theta}{r}\frac{\partial U_r}{\partial \theta}} + \cancelto{0}{U_z\frac{\partial U_r}{\partial z}} - \cancelto{0}{\frac{U_\theta^2}{r}} = -\frac{1}{\rho}\left(\frac{\partial p}{\partial r}\right) + \cancelto{0}{g_r} + \nu\frac{\partial^2 U_r}{\partial r^2} + \frac{\nu}{r}\frac{\partial U_r}{\partial r}$$
$$- \frac{\nu U_r}{r^2} + \cancelto{0}{\frac{\nu}{r^2}\frac{\partial^2 U_r}{\partial \theta^2}} - \cancelto{0}{\frac{2\nu}{r^2}\frac{\partial U_\theta}{\partial \theta}} + \nu\frac{\partial^2 U_r}{\partial z^2}$$
$$U_r\frac{\partial U_r}{\partial r} = -\frac{1}{\rho}\left(\frac{\partial p}{\partial r}\right) + \nu\frac{\partial^2 U_r}{\partial r^2} + \frac{\nu}{r}\frac{\partial U_r}{\partial r} - \frac{\nu U_r}{r^2} + \nu\frac{\partial^2 U_r}{\partial z^2} \tag{2.66}$$

(b) Sea $\phi = rU_r$. Luego a partir de la ecuación (2.65):

$$\frac{\partial}{\partial r}(rU_r) = \frac{\partial \phi}{\partial r} = 0 \tag{2.67}$$

De donde se concluye que $\phi = \phi(z)$. Ahora, trabajando con la ecuación (2.66) se obtiene:

$$\begin{aligned}
U_r \frac{\partial U_r}{\partial r} &= -\frac{1}{\rho}\left(\frac{\partial p}{\partial r}\right) + \nu \frac{\partial^2 U_r}{\partial r^2} + \frac{\nu}{r}\frac{\partial U_r}{\partial r} - \frac{\nu U_r}{r^2} + \nu \frac{\partial^2 U_r}{\partial z^2} \\
U_r \frac{\partial U_r}{\partial r} &= -\frac{1}{\rho}\left(\frac{\partial p}{\partial r}\right) + \nu \frac{\partial}{\partial r}\left(\frac{U_r}{r} + \frac{\partial U_r}{\partial r}\right) + \nu \frac{\partial^2 U_r}{\partial z^2} \\
U_r \frac{\partial U_r}{\partial r} &= -\frac{1}{\rho}\left(\frac{\partial p}{\partial r}\right) + \nu \frac{\partial}{\partial r}\left(\frac{1}{r}\frac{\partial}{\partial r}(rU_r)\right) + \nu \frac{\partial^2 U_r}{\partial z^2} \qquad (2.68)
\end{aligned}$$

Usando el resultado encontrado en (2.67) en (2.68) y reemplazando la viscosidad cinemática por la dinámica ($\nu = \mu/\rho$), se llega a:

$$\begin{aligned}
U_r \frac{\partial U_r}{\partial r} &= -\frac{1}{\rho}\left(\frac{\partial p}{\partial r}\right) + \nu \frac{\partial}{\partial r}\cancelto{0}{\left(\frac{1}{r}\frac{\partial}{\partial r}(rU_r)\right)} + \nu \frac{\partial^2 U_r}{\partial z^2} \\
\rho U_r \frac{\partial U_r}{\partial r} &= -\frac{\partial p}{\partial r} + \mu \frac{\partial^2 U_r}{\partial z^2} \qquad (2.69)
\end{aligned}$$

Ahora debemos encontrar alguna expresión para el término de la izquierda de la ecuación (2.69). Para ello, acudimos nuevamente a la ecuación (2.65) y desarrollamos:

$$\begin{aligned}
\frac{\partial}{\partial r}(rU_r) &= 0 \\
U_r + r\frac{\partial U_r}{\partial r} &= 0 \\
\frac{\partial U_r}{\partial r} &= -\frac{U_r}{r} \qquad (2.70)
\end{aligned}$$

Finalmente, utilizando (2.70) en (2.69) y $\phi = rU_r$ se obtiene:

$$\begin{aligned}
\rho U_r \cdot -\frac{U_r}{r} \cdot \frac{r^2}{r^2} &= -\frac{\partial p}{\partial r} + \mu \frac{\partial^2 U_r}{\partial z^2} \cdot \frac{r}{r} \\
-\rho \frac{(rU_r)^2}{r^3} &= -\frac{\partial p}{\partial r} + \frac{\mu}{r}\frac{\partial^2}{\partial z^2}(rU_r) \\
-\rho \frac{\phi^2}{r^3} &= -\frac{dp}{dr} + \frac{\mu}{r}\frac{d^2\phi}{dz^2} \qquad (2.71)
\end{aligned}$$

Que era lo que se pedía demostrar.

(c) Si asumimos *flujo reptante*, el término no lineal de la ecuación (2.71) puede despreciarse (i.e., $\phi^2/r^3 = 0$). De esta manera la ecuación se reduce a:

$$\begin{aligned}
-\frac{dp}{dr} + \frac{\mu}{r}\frac{d^2\phi}{dz^2} &= 0 \\
r\frac{dp}{dr} &= \mu \frac{d^2\phi}{dz^2} \qquad (2.72)
\end{aligned}$$

Para resolver la ecuación (2.72) usaremos la indicación del problema. El lado izquierdo de esta ecuación es solo función de r, mientras que el lado derecho es solo función de z, por lo tanto el problema se resuelve de la siguiente forma:

$$r\frac{dp}{dr} = \Omega \quad (2.73)$$

$$\mu\frac{d^2\phi}{dz^2} = \Omega \quad (2.74)$$

Donde Ω es una constante de separación. Resolvemos en primer lugar la ecuación (2.73) para determinar Ω integrando con respecto a r entre r_1 y r_2.

$$\begin{aligned} r\frac{dp}{dr} &= \Omega \\ \frac{dp}{dr} &= \frac{\Omega}{r} \\ \int_{P_1}^{P_2} dp &= \Omega \int_{r_1}^{r_2} \frac{dr}{r} \\ P_2 - P_1 &= \Omega \cdot \ln\left(\frac{r_2}{r_1}\right) \\ \Omega &= \frac{P_2 - P_1}{\ln\left(\frac{r_2}{r_1}\right)} \end{aligned} \quad (2.75)$$

Finalmente, resolvemos la ecuación (2.74) integrando dos veces con respecto a z y usando lo encontrado en (2.75):

$$\begin{aligned} \mu\frac{d^2\phi}{dz^2} &= \frac{P_2 - P_1}{\ln\left(\frac{r_2}{r_1}\right)} \\ \frac{d\phi}{dz} &= C_1 + \frac{(P_2 - P_1)\,z}{\mu\ln\left(\frac{r_2}{r_1}\right)} \\ \phi(z) &= C_2 + C_1 z + \frac{(P_2 - P_1)\,z^2}{2\mu\ln\left(\frac{r_2}{r_1}\right)} \end{aligned} \quad (2.76)$$

C_1 y C_2 son las constantes de integración que se determinan a partir de las condiciones de borde del problema, las cuales son:

$$\begin{aligned} \text{C.B. (1): } \phi(z = +b) &= 0 \\ \text{C.B. (2): } \phi(z = -b) &= 0 \end{aligned}$$

Ambas ecuaciones provienen de la condición de *no deslizamiento* cuando el fluido está en contacto con la superficie de los discos. Aplicando estas dos condiciones de borde al perfil encontrado en (2.76) se obtiene:

$$\phi(z) = \frac{(P_1 - P_2)\, b^2}{2\mu \ln\left(\dfrac{r_2}{r_1}\right)} \left[1 - \left(\frac{z}{b}\right)^2\right]$$

Finalmente, usando nuevamente que $\phi = rU_r$, se llega al perfil de velocidad buscado:

$$U_r(r,z) = \frac{(P_1 - P_2)\, b^2}{2\mu r \ln\left(\dfrac{r_2}{r_1}\right)} \left[1 - \left(\frac{z}{b}\right)^2\right] \tag{2.77}$$

(d) El flujo volumétrico que abandona a los discos se determina integrando la ecuación (2.77):

$$\begin{aligned}
Q &= \int_0^{2\pi} \int_{-b}^{b} U_r|_{r=r_2} dz d\theta \\
Q &= \frac{(P_1 - P_2)\, b^2}{2\mu r_2 \ln\left(\dfrac{r_2}{r_1}\right)} \cdot \int_0^{2\pi} \int_{-b}^{b} \left[1 - \left(\frac{z}{b}\right)^2\right] dz d\theta \\
Q &= \frac{(P_1 - P_2)\, b^2}{2\mu r_2 \ln\left(\dfrac{r_2}{r_1}\right)} \cdot \frac{8\pi b}{3} \\
Q &= \frac{4\pi\,(P_1 - P_2)\, b^3}{3\mu r_2 \ln\left(\dfrac{r_2}{r_1}\right)} \qquad (2.78)
\end{aligned}$$

Por último, la velocidad promedio se determina usando (2.78) y el área del manto entre los discos ($A = 2\pi r_2 \cdot 2b$), de acuerdo con:

$$\begin{aligned}
Q &= \bar{U} \cdot A \\
\bar{U} &= \frac{Q}{A} \\
\bar{U} &= \frac{(P_1 - P_2)\, b^2}{3\mu r_2^2 \ln\left(\dfrac{r_2}{r_1}\right)}
\end{aligned}$$

2.3.6. *Escurrimiento en ducto horizontal de sección cuadrada*

Un ducto horizontal y rectangular, de largo L se extiende a lo largo del eje z. Este ducto posee una sección cuadrada de lado $2B$, y sus esquinas se ubican en las coordenadas $x = \pm B$ e $y = \pm B$. Un colega amablemente le dice que la distribución de velocidad en el ducto está dada por:

$$U_z(x,y) = \frac{(P_0 - P_L)B^2}{4\mu L}\left[1 - \left(\frac{x}{B}\right)^2\right]\left[1 - \left(\frac{y}{B}\right)^2\right]$$

Dado que este colega ocasionalmente le ha entregado información errónea, usted se siente en la obligación de revisar este resultado. Asuma conocido el largo del ducto (L), su viscosidad (μ) y gradiente de presión $(P_L - P_0)/L$. Para ello:
(a) A partir de las ecuaciones de Navier-Stokes, derive la(s) ecuación(es) diferencial(es) que describe(n) esta situación en estado estacionario. Establezca las condiciones de borde correspondientes.
(b) Evalúe la solución entregada por su colega en la(s) ecuación(es) diferencial(es) encontrada(s) y compruebe si satisface las condiciones de borde. ¿Qué se puede concluir con respecto a la información entregada por su colega?

Solución

Supuestos y simplificaciones

- Estado estacionario y fluido incompresible.
- Solo hay velocidad en la dirección axial $\hat{z}$ ($U_x = U_y = 0$).
- No hay componente en $\hat{z}$ del peso ($g_z = 0$), dado que el ducto se encuentra en forma horizontal.
- El gradiente de presión se mantiene constante a lo largo del ducto según $\hat{z}$.

(a) Para resolver este problema utilizaremos las ecuaciones (A.6) y (A.20) del Apéndice. La primera ecuación corresponde a la ecuación de continuidad en coordenadas rectangulares para fluido incompresible, mientras que la segunda corresponde a la ecuación de Navier-Stokes en la dirección $\hat{z}$. Haciendo uso de los supuestos y simplificaciones del problema, ambas ecuaciones toman la siguiente forma:

$$\frac{\partial U_z}{\partial z} = 0 \text{ (ecuación de continuidad)} \tag{2.79}$$

$$-\frac{\partial p}{\partial z} + \mu\left(\frac{\partial^2 U_z}{\partial x^2} + \frac{\partial^2 U_z}{\partial y^2}\right) = 0 \text{ (ecuación de N-S componente } z) \tag{2.80}$$

Por otro lado, las condiciones de borde que se requieren para describir este problema son cuatro. Ellas son:

$$\text{C.B. (1) y (2):} \quad U_z(x = \pm B, y) = 0 \tag{2.81}$$
$$\text{C.B. (3) y (4):} \quad U_z(x, y = \pm B) = 0 \tag{2.82}$$

Las cuatro condiciones de borde corresponden a condiciones de no deslizamiento del fluido en contacto con las paredes del ducto.

(b) En primer lugar, debemos verificar si la solución propuesta se ajusta a las condiciones de borde (2.81) y (2.82). Por inspección se puede constatar que efectivamente $U_z(x = \pm B, y) = U_z(x, y = \pm B) = 0$.

También se puede verificar que la solución propuesta cumple con la ecuación de continuidad (2.79), ya que $U_z(x, y)$ no es función de z. Finalmente, solo resta comprobar que la solución cumpla con la ecuación de Navier-Stokes (2.80). Para ello, tomamos las segundas derivadas correspondientes al perfil de velocidades $U_z(x, y)$ propuesto:

$$\frac{\partial^2 U_z}{\partial x^2} = -\frac{P_0 - P_L}{2\mu L}\left[1 - \left(\frac{y}{B}\right)^2\right] \tag{2.83}$$
$$\frac{\partial^2 U_z}{\partial y^2} = -\frac{P_0 - P_L}{2\mu L}\left[1 - \left(\frac{x}{B}\right)^2\right] \tag{2.84}$$

Por último, reemplazando las ecuaciones (2.83) y (2.84) en la ecuación (2.80), se obtiene:

$$\frac{P_0 - P_L}{L} - \frac{P_0 - P_L}{2L}\left[2 - \left(\frac{x}{B}\right)^2 - \left(\frac{y}{B}\right)^2\right] = 0$$
$$\frac{P_0 - P_L}{2LB^2}\left(x^2 + y^2\right) = 0 \tag{2.85}$$

Como se puede apreciar, la ecuación (2.85) no cumple $\forall\ x$ e y con la ecuación de Navier-Stokes. Por lo tanto, la solución propuesta es errónea.

2.3.7. *Flujo reptante alrededor de una esfera sólida*

Considere el flujo estacionario y muy lento de un fluido incompresible alrededor de una esfera sólida de radio R (ver Figura 2.16). El fluido posee una viscosidad ρ y una densidad μ, y asciende verticalmente hacia la esfera con una velocidad uniforme u_∞ a lo largo del eje z. Un ingeniero propone la siguiente solución analítica para los perfiles de velocidad de este problema:

$$U_r = u_\infty\left[1 - \frac{3R}{2r} + \frac{1}{2}\left(\frac{R}{r}\right)^2\right]\cos\theta \tag{2.86}$$

$$U_\theta = u_\infty\left[\frac{3R}{4r} + \frac{1}{4}\left(\frac{R}{r}\right)^3 - 1\right]\sin\theta \tag{2.87}$$

Verifique si la solución propuesta por el ingeniero es correcta o no.

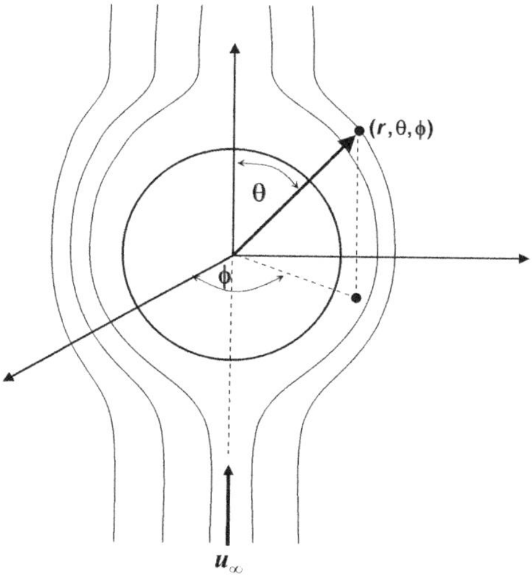

Figura 2.16: *Flujo reptante alrededor de una esfera sólida.*

Indicación: Las características del *flujo reptante* permiten despreciar el término $\rho\vec{U}\left[\nabla\cdot\vec{U}\right]_{esf}$ para cada componente de la ecuación de Navier-Stokes. Este tipo de flujo tiene lugar cuando el número de Reynolds ($Du_\infty\rho/\mu$) es inferior a ≈ 0.1 y se caracteriza por la virtual ausencia de remolinos aguas abajo de la esfera.

Solución

Considerando las ecuaciones (A.4), (A.24) y (A.25) del Apéndice, se obtiene que el perfil de velocidades debe cumplir simultáneamente con las ecuaciones de continuidad y Navier-Stokes en $\hat{r}$ y $\hat{\theta}$, respectivamente:

$$\frac{\partial U_r}{\partial r}+\frac{2U_r}{r}+\frac{1}{r}\frac{\partial U_\theta}{\partial \theta}+\frac{U_\theta\cot\theta}{r}=0$$

$$-\frac{\partial p}{\partial r}+\mu\left(\frac{\partial^2 U_r}{\partial r^2}+\frac{2}{r}\frac{\partial U_r}{\partial r}-\frac{2U_r}{r^2}+\frac{1}{r^2}\frac{\partial^2 U_r}{\partial \theta^2}+\frac{\cot\theta}{r^2}\frac{\partial U_r}{\partial \theta}-\frac{2}{r^2}\frac{\partial U_\theta}{\partial \theta}-\frac{2U_\theta\cot\theta}{r^2}\right)=0 \quad (\hat{r})$$

$$-\frac{1}{\rho}\frac{\partial p}{\partial \theta}+\mu\left(\frac{\partial^2 U_\theta}{\partial r^2}+\frac{2}{r}\frac{\partial U_\theta}{\partial r}-\frac{U_\theta}{r^2\sin^2\theta}+\frac{1}{r^2}\frac{\partial^2 U_\theta}{\partial \theta^2}+\frac{\cot\theta}{r^2}\frac{\partial U_\theta}{\partial \theta}+\frac{2}{r^2}\frac{\partial U_r}{\partial \theta}\right)=0 \quad (\hat{\theta})$$

Con las condiciones de borde:

C.B. (1):	para $r = R$,	$U_r = U_\theta = 0$
C.B. (2):	para $r \rightarrow \infty$,	$U_r \rightarrow U_\infty \cos\theta$, $U_\theta \rightarrow -U_\infty \sin\theta$

Se puede verificar que el perfil propuesto sí cumple con las condiciones de borde del problema. La primera condición de borde se debe a que la esfera se encuentra en reposo y, por lo tanto, el fluido en contacto con ella adquiere velocidad nula (i.e., condición de no deslizamiento). La segunda condición de borde implica que a distancias muy alejadas de la esfera ($r \rightarrow \infty$) u_z tiende a u_∞. Es claro que tomando el límite de las ecuaciones (2.86) y (2.87) cuando $r \rightarrow \infty$ se obtiene, respectivamente:

$$\begin{aligned} \lim_{r\rightarrow\infty} U_r &= u_\infty \cos\theta \\ \lim_{r\rightarrow\infty} U_\theta &= -u_\infty \sin\theta \end{aligned}$$

Estas dos ecuaciones corresponden a los componentes en las direcciones $\hat{r}$ y $\hat{\theta}$ de la velocidad vertical u_z en coordenadas esféricas:

$$\vec{U}_z = u_\infty \cos\theta \cdot \hat{r} - u_\infty \sin\theta \cdot \hat{\theta}$$

Cuya norma es:

$$\|\vec{U}_z\| = u_\infty \sqrt{\cos^2\theta + \sin^2\theta} = u_\infty$$

La cual coincide con la velocidad que trae el fluido.

Al verificar si la solución satisface la ecuación de continuidad, obtenemos que:

$$\frac{u_\infty R^3 \cos\theta}{2r^4} = 0$$

Como se puede observar, la ecuación anterior solo se cumple para algunos valores de r y θ (e.g., para $r \rightarrow \infty$ y $\forall\ \theta$, o bien, para $\theta = k\pi/2$ con $k \in \mathbb{Z}$ y $r > 0$). Sin embargo, para que la solución planteada por este ingeniero sea correcta, debe cumplirse para todo valor de r y θ. En consecuencia, la solución planteada por el ingeniero es incorrecta.

2.4. Problemas propuestos

Problema 2.4.1. *Fuerza sobre un fluido contenido en tubos concéntricos*

Se tienen dos cilindros concéntricos de largo L. Entre ambos cilindros fluye en régimen laminar un líquido de viscosidad μ. El cilindro que se encuentra en la parte exterior tiene un radio R_2 y se desplaza con una velocidad V_2 hacia la derecha. En cambio, el cilindro interno de radio R_1 se desplaza hacia la izquierda con velocidad V_1. Determine la fuerza neta aplicada al sistema.

Problema 2.4.2. *Flujo de calor a través de un manto cónico*

Considere una sección cónica de diámetro $D = ax$. La tapa izquierda del cono se encuentra en $x_1 = 5$ cm y la tapa derecha se ubica en $x_2 = 25$ cm. Las temperaturas en cada uno de estos extremos son $T_1 = 400$ K y $T_2 = 600$ K, respectivamente. El cuerpo está perfectamente aislado por fuera del manto.
(a) Calcule el flujo de calor a través del cono.
(b) Encuentre una expresión para $T(x)$.
Datos: conductividad $k = 3.46$ W/(mK); $a = 0.25$.

Problema 2.4.3. *Balance de momentum*

Un fluido newtoniano fluye a través de dos placas planas paralelas verticales separada por una distancia $2B$. Obtenga los perfiles de momentum y de velocidad del fluido que escurre entre ambas placas.

Problema 2.4.4. *Balance de esfuerzo de corte en una tubería y velocidad promedio*

Suponiendo que se ha determinado experimentalmente que el esfuerzo de corte (τ) en una tubería circular de radio R está dado por:

$$\tau(r) = \mu \cdot u(r) \cdot \frac{R^n}{r^{n+1}}$$

Donde $u(r)$ es la velocidad del fluido a una distancia r del eje, n es una constante y μ es la viscosidad dinámica del fluido. En una cañería horizontal de largo L y pérdida de carga ΔP, ¿cuál será la velocidad media, U, del fluido?

Problema 2.4.5. *Número de Reynolds y factor de fricción*

Demuestre que para el caso de un fluido newtoniano en régimen laminar que circula por una cañería de diámetro D, el factor de fricción f es igual a $64/Re$, donde Re (número de Reynolds) se define como:

$$Re = \frac{\rho U D}{\mu}$$

U es la *velocidad promedio* del fluido en la cañería, D es el diámetro de la cañería, ρ es la densidad del fluido y μ su viscosidad. Por otra parte, se define el factor de fricción f como:

$$f = \frac{2D\Delta P}{\mu L U^2}$$

Donde ΔP es la caída de presión en la cañería de largo L.

Problema 2.4.6. *Esfuerzo de corte en cilindros rotatorios concéntricos*

Determinar el esfuerzo de corte ($\tau_{r\theta}$) en la posición r_0, para un fluido con densidad y viscosidad constantes, bajo flujo laminar y tangencial entre dos cilindros verticales concéntricos. El cilindro exterior, de radio R, se encuentra girando con una velocidad angular ω y el cilindro interior, de radio kR, se encuentra en reposo. Para resolver este problema asuma lo siguiente: estado estacionario, flujo incompresible, el fluido sigue un movimiento circular, y los componentes U_r y U_z de la velocidad son nulos. No existen gradientes de presión en la dirección θ, por lo tanto, cada uno de los términos de la ecuación de continuidad expresados en coordenadas cilíndricas son cero. Es decir:

$$\frac{\partial \rho}{\partial t} = \frac{1}{r}\frac{\partial (\rho r U_r)}{\partial r} = \frac{1}{r}\frac{\partial (\rho U_\theta)}{\partial \theta} = \frac{\partial (\rho U_z)}{\partial z} = 0$$

<u>*Datos*</u>: $R = 1$ m; $\mu = 0.2$ kg/sm; $k = 0.5$; $\omega = 2$ rad/s; $r_0 = 0.7$ m.

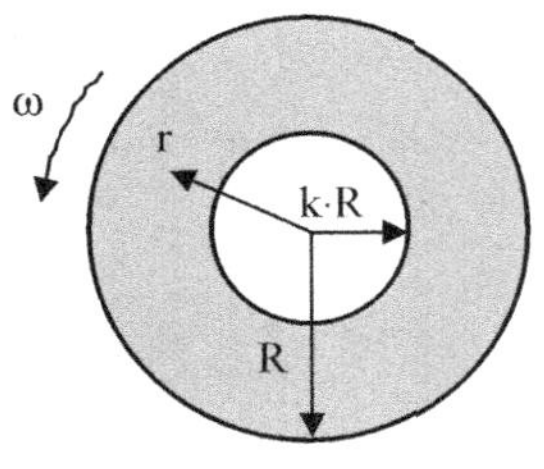

Figura 2.17: *Esquema de tubos concéntricos.*

CAPÍTULO 3

Aplicaciones de transporte convectivo: transferencia de masa y calor

3.1. Transferencia de calor

3.1.1. *Pérdidas de calor en una bodega*

Una bodega es utilizada para almacenar productos químicos. Para este fin se requiere que las caras internas de las paredes se mantengan a una temperatura constante T. Para ello, se utiliza una fuente calefactora de potencia P ubicada al interior de la bodega. Estime el espesor de la pared e si esta posee una conductividad k y el aire exterior de la bodega se encuentra a una temperatura T_∞. Para efectos de cálculo, desprecie el efecto del suelo y el techo de la bodega. Suponga que además, inicialmente, la pared interna de la bodega se encuentra a una temperatura T y que las cuatro paredes son del mismo tamaño (altura H y largo L).
Datos: $T = 35°C$; $T_\infty = 10°C$; $P = 1000$ W; $H = 2.5$ m; $L = 5$ m; $Gr = 1 \cdot 10^9$; $Pr = 0.707$; $k = 0.072$ W/(mK); $k_{aire} = 0.0263$ W/(mK).

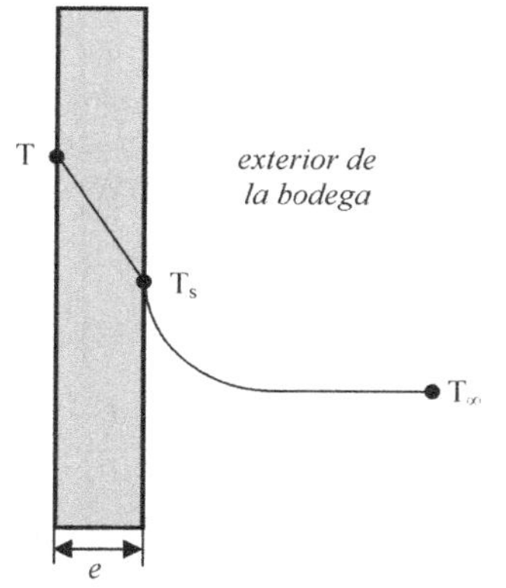

Figura 3.1: *Esquema de temperaturas relevantes de la bodega.*

Solución

Supuestos

- Transferencia en estado estacionario y flujo unidireccional en cada pared.
- La energía que sale por cada pared es igual en cada caso.

Para resolver este problema, primero debemos determinar el número de Rayleigh (convección natural). Usando los datos del problema:

$$Ra_L = Gr \cdot Pr = 10^9 \cdot 0.707 = 7.07 \cdot 10^8$$

Dado que $Ra_L < 10^{12}$, podemos utilizar la correlación de Churchill & Chu. De esta manera se tiene que el número de Nusselt es:

$$\begin{aligned}\bar{N}u_L &= \left\{0.825 + \frac{0.387 Ra_L^{1/6}}{[1 + (0.492/Pr)^{9/16}]^{8/27}}\right\}^2 \\ \bar{N}u_L &= 110.4\end{aligned}$$

El coeficiente de transferencia de calor $\bar{h}$ se obtiene a partir del número Nusselt. En este caso, como largo característico (L) debe usarse la altura de la pared, es decir:

$$\begin{aligned}\bar{N}u_L &= \frac{\bar{h} \cdot L}{k_{aire}} \\ \bar{h} &= \frac{110.4 \cdot 0.0263}{2.5} = 1.16\end{aligned}$$

Ahora que se cuenta con el valor del coeficiente de convección, podemos determinar el espesor de las paredes. Tomando en cuenta los supuestos del problema, se tiene que el flujo de calor que atraviesa a cada pared es $q = 1000/4$ W. Por otra parte, el flujo de calor en estado estacionario está dado por:

$$\begin{aligned}q &= kA\frac{(T - T_s)}{e} \\ \frac{qe}{kA} &= T - T_s \qquad (3.1)\end{aligned}$$

Donde T_s corresponde a la temperatura exterior de la pared. Por otro lado, el flujo de calor que pasa de la superficie exterior de la pared al aire es igual a:

$$\begin{aligned}q &= \bar{h}A(T_s - T_\infty) \\ \frac{q}{\bar{h}A} &= T_s - T_\infty \qquad (3.2)\end{aligned}$$

Finalmente, sumando (3.1) y (3.2) se obtiene:

$$\frac{q}{A}\left(\frac{e}{k} + \frac{1}{\bar{h}}\right) = T - T_\infty$$

Despejando e de la ecuación anterior se obtiene el espesor buscado de cada pared:

$$e = \frac{kA(T - T_\infty)}{q} - \frac{k}{\bar{h}} = 0.028 \text{ m}$$

3.1.2. *Conducción con condiciones de borde adiabática y convectiva*

Considere la pared de la Figura 1.9, que tiene un ancho de $L = 0.05$ m y está aislada en su cara izquierda. La pared genera calor uniformemente a razón $\dot{g}_0 = 2 \cdot 10^5$ W/m^3. Por otra parte, la cara derecha está expuesta al ambiente. El ambiente se encuentra a 25°C y el coeficiente de transferencia de calor h es igual a 44 W/(m^2°C).
(a) Encuentre la ecuación diferencial que modela la variación de temperatura en la pared.
(b) Determine la temperatura máxima y mínima al interior de la pared.

Solución

Supuestos

- La transferencia de calor ocurre en estado estacionario.
- La transferencia de calor es unidireccional, porque la pared es larga comparado con su ancho.
- La generación de calor es uniforme en la pared.

(a) El siguiente problema lo resolveremos a partir de un balance de energía. Para ello, consideremos un volumen de control en la pared $\Delta V = A \cdot \Delta x$, donde A es el área perpendicular al flujo de calor por la pared:

$$\begin{aligned} \cancelto{0}{\text{acumulación}} &= \text{entrada} - \text{salida} + \text{generación} - \cancelto{0}{\text{consumo}} \\ 0 &= \text{entrada} - \text{salida} + \text{generación} \end{aligned} \tag{3.3}$$

Reemplazando cada término de la ecuación (3.3) por las expresiones correspondientes de flujo de calor en el volumen de control, se obtiene:

$$-kA \cdot \left.\frac{dT}{dx}\right|_{x=x} + kA \cdot \left.\frac{dT}{dx}\right|_{x=x+\Delta x} = -\Delta V \cdot \dot{g}_0 = -A\Delta x \cdot \dot{g}_0 \tag{3.4}$$

Dividiendo la ecuación (3.4) por $(A\Delta x)$:

$$k \cdot \frac{\left.\frac{dT}{dx}\right|_{x=x+\Delta x} - \left.\frac{dT}{dx}\right|_{x=x}}{\Delta x} = -\dot{g}_0 \tag{3.5}$$

Finalmente, tomando el límite de (3.5) cuando $\Delta x \to 0$ se tiene:

$$\begin{aligned} k \cdot \lim_{\Delta x \to 0} \frac{\left.\frac{dT}{dx}\right|_{x=x+\Delta x} - \left.\frac{dT}{dx}\right|_{x=x}}{\Delta x} &= k\frac{d^2T}{dx^2} \\ \frac{d^2T}{dx^2} &= -\frac{\dot{g}_0}{k} \end{aligned} \tag{3.6}$$

La ecuación (3.6) es idéntica a la ecuación (1.44), la cual se obtuvo al aplicar directamente la ecuación (A.16) del Apéndice.

(b) Antes de encontrar las temperaturas extremas al interior de la pared, determinemos el perfil de temperaturas $T(x)$. Para ello usamos la ecuación (3.6) y las siguientes condiciones de borde:

$$\begin{aligned} \text{C.B. (1):} \; -k\left.\frac{dT}{dx}\right|_{x=0} &= 0 \text{ (condición de aislación)} \\ \text{C.B. (2):} \; -k\left.\frac{dT}{dx}\right|_{x=L} &= h \cdot (T(x=L) - T_\infty) \text{ (convección con el ambiente)} \end{aligned}$$

Integrando la ecuación (3.6),

$$\frac{dT}{dx} = C_1 - \frac{\dot{g}_0}{k}x$$

Donde C_1 corresponde a la primera constante de integración. Integrando esta última ecuación nuevamente, se obtiene:

$$T(x) = C_2 + C_1 x - \frac{\dot{g}_0}{2k}x^2 \tag{3.7}$$

Donde C_2 es otra constante de integración. Para determinar los valores de C_1 y C_2, utilizamos las condiciones de borde planteadas. Así, se tiene que C_1 es:

$$\begin{aligned} \frac{dT}{dx} &= C_1 - \frac{\dot{g}_0}{k}x \\ -k\left.\frac{dT}{dx}\right|_{x=0} &= -kC_1 \\ C_1 &= 0 \end{aligned} \tag{3.8}$$

Para determinar C_2 ahora utilizamos la condición de borde C.B. (2) y el valor de C_1 encontrado anteriormente:

$$\begin{aligned} -k\left.\frac{dT}{dx}\right|_{x=L} &= h\left(T(x=L) - T_\infty\right) \\ -k\left(\frac{-L\dot{g}_0}{k}\right) &= h\left(C_2 - \frac{\dot{g}_0 L^2}{2k} - T_\infty\right) \\ C_2 &= \frac{L\dot{g}_0}{h} + \frac{\dot{g}_0 L^2}{2k} + T_\infty \end{aligned} \tag{3.9}$$

Reemplazando las ecuaciones (3.8) y (3.9) en (3.7), se llega finalmente al perfil buscado:

$$T(x) = \frac{\dot{g}_0}{2k}\left(L^2 - x^2\right) + \frac{L\dot{g}_0}{h} + T_\infty \tag{3.10}$$

Este perfil corresponde al de una parábola con simetría axial respecto al eje de las ordenadas. Dada esta característica, el perfil en la pared es estrictamente decreciente en el intervalo $0 \leq x \leq L$; por lo tanto, las temperaturas extremas se encuentran en $x = 0$ y $x = L$. Así,

$$\begin{aligned} T_{max} &= T(x=0) = \frac{L^2 \dot{g}_0}{2k} + \frac{L\dot{g}_0}{h} + T_\infty = 260.6°\text{C} \\ T_{min} &= T(x=L) = \frac{L\dot{g}_0}{h} + T_\infty = 252.3°\text{C} \end{aligned}$$

3.1.3. *Enfriamiento de una esfera de acero: parámetros concentrados*

Una esfera de acero dulce caliente se encuentra inicialmente a una temperatura T_i. Luego, la esfera se pone en contacto con una corriente de aire frío, la cual posee una temperatura T_∞. El coeficiente de convección entre el fluido y la esfera es h. Determine el calor total transferido, Q, al fluido al cabo de t_f segundos de contacto. Asuma que la esfera puede modelarse mediante el método de *parámetros concentrados* y que todas sus propiedades (h, c_p, k, radio R, densidad ρ) son conocidas. Desprecie las pérdidas de calor por radiación térmica.

Solución

Asumiendo un modelo de *parámetros concentrados*, el balance de energía entre la esfera y sus alrededores es:

$$\begin{aligned} \text{acumulación} &= -\text{salida} \\ \rho V c_p \frac{dT}{dt} &= -hA(T - T_\infty) \end{aligned} \tag{3.11}$$

Dado que $T(t=0) = T_i$, la ecuación anterior se puede integrar entre T_i y T:

$$\int_{T_i}^{T} \frac{dT}{(T - T_\infty)} = \int_0^t \frac{-hA}{\rho V c_p} dt$$

El que resulta ser:

$$\frac{T - T_\infty}{T_i - T_\infty} = \exp\left(\frac{-hAt}{\rho V c_p}\right)$$

Despejando $(T - T_\infty)$ se obtiene:

$$T - T_\infty = (T_i - T_\infty)\exp\left(\frac{-hAt}{\rho V c_p}\right) \tag{3.12}$$

Reemplazando la ecuación (3.12) en (3.11) se obtiene que:

$$q = hA(T - T_\infty) = hA(T_i - T_\infty)\exp\left(\frac{-hAt}{\rho V c_p}\right)$$

Por lo tanto, el calor total transferido al cabo de t_f segundos está dado por:

$$Q = \int_0^{t_f} q\,dt = \int_0^{t_f} \left[hA(T_i - T_\infty)\exp\left(\frac{-hAt}{\rho V c_p}\right)\right] dt$$

El resultado de la integración de la ecuación anterior es:

$$Q = \rho V c_p (T_i - T_\infty)\left[1 - \exp\left(\frac{-hAt_f}{\rho V c_p}\right)\right]$$

3.1.4. *Parámetros concentrados v/s parámetros distribuidos*

Una esfera de 30 mm de diámetro se encuentra inicialmente a $T_i = 800$ K. Luego se templa en un baño, el cual posee una temperatura constante $T_\infty = 320$ K. El coeficiente de transferencia de calor por convección entre el baño y la esfera es conocido e igual a h.
(a) Calcule el tiempo que se requiere para que la *superficie* de la esfera alcance una temperatura T_s igual a 415 K. Para responder esta pregunta utilice la solución analítica aproximada de la ecuación diferencial parcial resultante (i.e., modelo de *parámetros distribuidos*).
(b) Calcule lo mismo que en (a), pero esta vez utilizando un método gráfico.
(c) Compare el tiempo encontrado en (a), con aquel que se obtiene al modelar la esfera mediante *parámetros concentrados.*
(d) Determine el *flux* de calor (en W/m^2) en la superficie externa de la esfera cuando ésta alcanza los 415 K.
(e) Determine la energía (J) que pierde la esfera durante el proceso de enfriado hasta que la superficie alcanza los 415 K.
Datos: $\rho_{esfera} = 400$ kg/m^3; $cp_{esfera} = 1600$ J/(kgK); $k_{esfera} = 1.7$ W/(mK); $h = 75$ W/(m^{2}K); $\alpha = k/(\rho c_p)$.

Solución

(a) Primero, debemos verificar el valor del número adimensional Biot (Bi):

$$Bi = \frac{h \cdot L_c}{k_{esf}}$$

En nuestro caso, $L_c = V/A$. Reemplazando los datos numéricos de nuestro problema, se obtiene que:

$$Bi = 0.22$$

Dado que $Bi > 0.1$, en estricto rigor el problema debe modelarse usando un modelo de *parámetros distribuidos*. Sin embargo, dado que el valor no es muy lejano de 0.1, los resultados no deberían variar significativamente con respecto a un modelo de *parámetros concentrados.*

Para aplicar el procedimiento de *parámetros distribuidos*, debemos determinar el valor del número de Biot (Bi^*), de acuerdo con la siguiente expresión[1]:

$$Bi^* = \frac{h \cdot r_o}{k} = 0.66$$

A partir de este resultado, consultamos la tabla con los coeficientes ζ_1 y C_1 para esferas (ver, por ejemplo, referencia [5]). Usando el valor de Bi^* calculado anteriormente e interpolando, obtenemos:

$$\zeta_1 = 1.3188 \quad (3.13)$$

$$C_1 = 1.1877 \quad (3.14)$$

Ahora, calculamos el valor de θ^* en la superficie de la esfera, de acuerdo con:

$$\theta^* = \frac{T_s - T_\infty}{T_i - T_\infty} = \frac{415 - 320}{800 - 320}$$

$$\theta^* = 0.198 \quad (3.15)$$

A partir de los valores (3.13), (3.14), (3.15) y dado que queremos la temperatura en la superficie de la esfera, $r^* = r/r_o = 1$, podemos determinar el valor de F_o empleando la solución analítica aproximada para esferas (ver, por ejemplo, referencia [5]):

$$\theta^* = C_1 \cdot \exp\left(-\zeta_1^2 \cdot F_o\right) \frac{\sin\left(\zeta_1 \cdot r^*\right)}{\zeta_1 \cdot r^*}$$

$$F_o = \frac{1}{\zeta_1^2} \ln\left(\frac{C_1 \cdot \sin\left(\zeta_1 \cdot r^*\right)}{\zeta_1 \cdot r^* \cdot \theta^*}\right) \quad (3.16)$$

$$F_o = \frac{1}{(1.3188)^2} \ln\left(\frac{1.1877 \cdot \sin\left(1.3188 \cdot 1\right)}{1.3188 \cdot 1 \cdot 0.198}\right) = 0.853 \quad (3.17)$$

Como podemos verificar en el último resultado, se cumple que $F_o > 0.2$, por lo que la aproximación analítica es válida. Finalmente, usamos la definición del número de Fourier (F_o) y encontramos el tiempo que toma la esfera en alcanzar la temperatura deseada en su superficie, de acuerdo con:

$$F_o = \frac{\alpha t}{r_o^2}$$

$$t = \frac{F_o r_o^2}{\alpha} = \frac{\rho c_p F_o r_o^2}{k}$$

$$t = \frac{400 \cdot 1600 \cdot 0.853 \cdot (15 \cdot 10^{-3})^2}{1.7} = 72.3 \text{ s}$$

[1]Esta definición de Biot difiere de la anterior, ya que los gráficos y fórmulas utilizados para el cálculo de los perfiles están basados en Bi^* no Bi.

Es decir, la esfera demora 72.3 s en alcanzar 415 K en su superficie.

(b) Para resolver el problema mediante el método gráfico, debemos utilizar los gráficos de Heisler (ver, por ejemplo, referencias [3] o [5]). Sin embargo, aquí usaremos una versión similar, los que han sido calculados específicamente para este texto de estudio. Al igual que en los gráficos de Heisler, debemos calcular el valor inverso del número de Biot, es decir:

$$
\begin{aligned}
Bi^* &= 0.66 \\
\frac{1}{Bi^*} &= 1.51
\end{aligned}
$$

En la superficie de la esfera se cumple que $r/r_o = 1$. Con estos valores, consultamos la Fig. 3.2, la cual permite determinar la temperatura adimensional de una esfera sólida para distintas posiciones r^*.

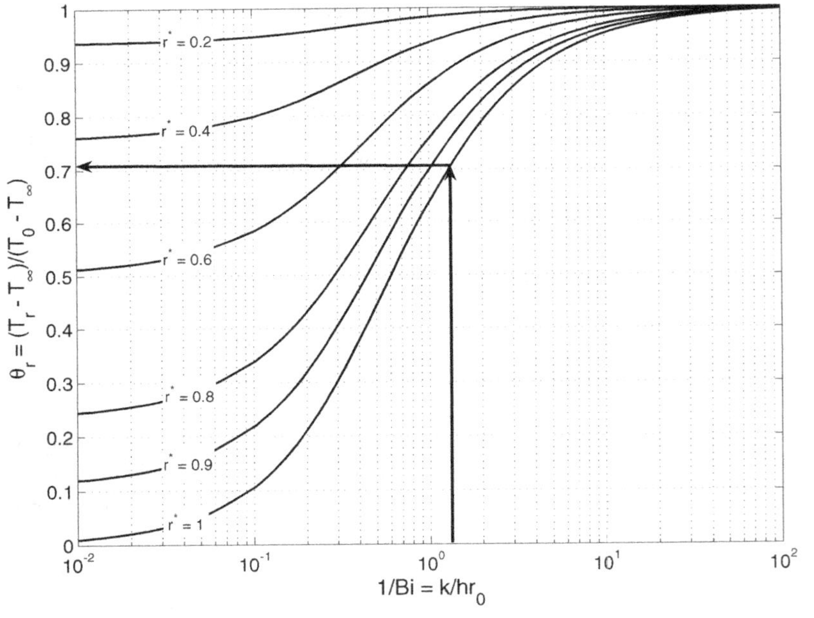

Figura 3.2: *Temperatura adimensional en una esfera como función de la posición adimensional r^* y Biot.*

Así, el valor de θ_r encontrado es:

$$\theta_r \approx 0.71$$

Usando la definición de θ_r de la Fig. 3.2, se obtiene que la temperatura en el centro de la esfera, T_o, es:

$$\begin{aligned} \theta_r &= \frac{T_r - T_\infty}{T_o - T_\infty} \\ T_o &= T_\infty + \frac{T_r - T_\infty}{\theta_r} \\ T_o &= 453.8 \text{ K} \approx 454 \text{ K} \end{aligned}$$

Aquí se usó que $T_r = T_s = 415$ K. Ahora es posible recurrir a la Fig. 3.3, la cual relaciona la temperatura adimensional en el centro de la esfera con el tiempo adimensional, F_o. De acuerdo con la definición de θ_o, tendremos que:

$$\theta_o = \frac{T_o - T_\infty}{T_i - T_\infty} = \frac{134}{480} \approx 0.28$$

Con esta información entramos a la Fig. 3.3 y determinamos el valor del tiempo adimensional, F_o.

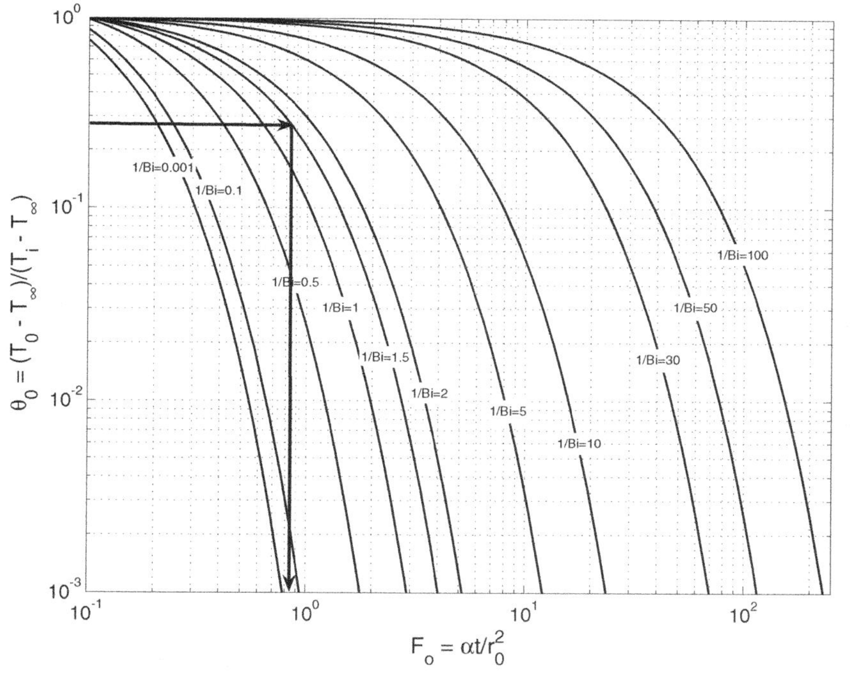

Figura 3.3: *Temperatura adimensional en el centro de una esfera sólida.*

Así, el valor del tiempo adimensional encontrado es:

$$F_o \approx 0.85$$

A partir de la definición del número de Fourier, se obtiene finalmente el tiempo (t) que demora la esfera en alcanzar 415 K en su superficie:

$$\begin{aligned} F_o &= \frac{\alpha t}{r_o^2} \\ t &= \frac{F_o r_o^2}{\alpha} \\ t &= 72 \text{ s} \end{aligned}$$

El tiempo obtenido mediante el método gráfico es prácticamente idéntico al tiempo encontrado en la sección (a); sin embargo, es habitual cometer errores entre 10 % y 15 % cuando se extrae información de figuras o gráficos.

(c) Dado que el número de Biot –letra (a)– es pequeño, aquí no deberíamos observar un resultado muy distinto al encontrado en (b). A continuación resolveremos el mismo problema, pero ahora aplicando un modelo de *parámetros concentrados*. Al utilizar esta aproximación, el problema se reduce a resolver la siguiente ecuación diferencial ordinaria con condición inicial conocida:

$$\rho V c_p \frac{dT}{dt} = -hA(T - T_\infty) \qquad (3.18)$$

$$T(t = 0) = T_i = 800 \text{ K} \qquad (3.19)$$

La solución de (3.18) sujeto a (3.19) es:

$$\frac{T - T_\infty}{T_i - T_\infty} = \exp\left(-\frac{hAt}{\rho V c_p}\right) \qquad (3.20)$$

Tomando en cuenta que $T(t = t_f) = T_f = 415$ K, y despejando t_f de (3.20) se obtiene finalmente:

$$\begin{aligned} t_f &= -\frac{\rho V c_p}{hA} \ln\left(\frac{T_f - T_\infty}{T_i - T_\infty}\right) \\ t_f &= 69.1 \text{ s} \end{aligned}$$

Como era de esperar, la diferencia en los resultados de ambos métodos no difieren significativamente. Como se mencionó anteriormente, esto se debe a que el número de Biot es muy cercano a 0.1.

(d) El *flux* de calor en la superficie de la esfera cuando alcanza los 415 K es:

$$\left(\frac{q}{A}\right) = h(T(t = t_f) - T_\infty) = 7125 \text{ W/m}^2$$

(e) Para poder responder esta pregunta, haremos uso de la Fig. 3.4. Este gráfico nos permite estimar la fracción de calor perdido o disipado como función del tiempo adimensional F_o y Biot. Como ya es habitual, primero deberemos determinar los valores de los parámetros del gráfico, que en este caso son Q_{max} y $Bi^{*2}F_o$. Usando los valores calculados en la letra (b), se tiene que:

$$\begin{aligned} Q_{max} &= \rho V c_p(T_i - T_\infty) = 4343 \text{ J} \\ Bi^{*2}F_o &= (0.66)^2 \cdot 0.85 = 0.37 \end{aligned}$$

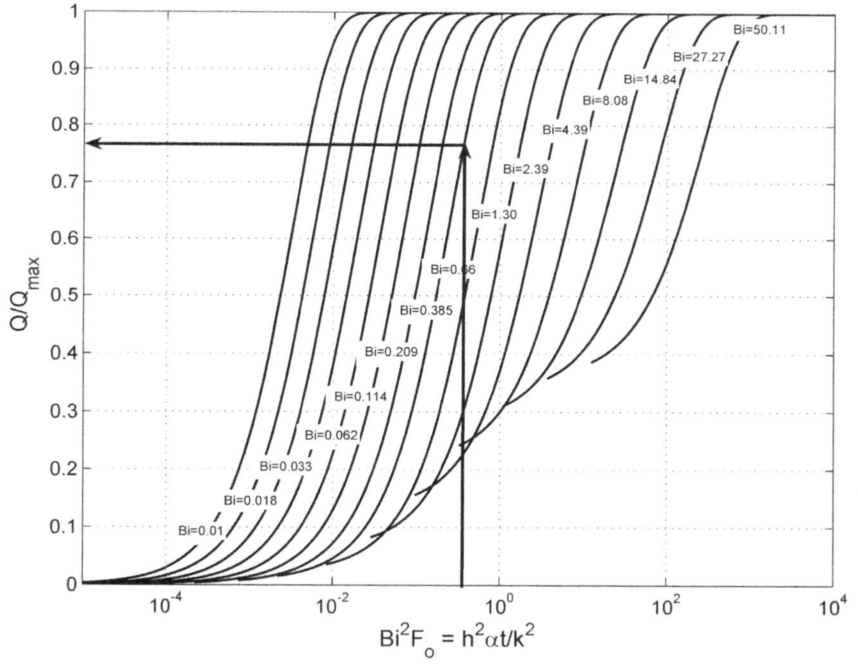

Figura 3.4: *Fracción de calor disipado por una esfera sólida como función del tiempo adimensional y Biot.*

A partir de estos datos, y de acuerdo con la Fig. 3.4, $Q/Q_{max} \approx 0.77$.

Así, el valor disipado por la esfera durante los primeros 72 segundos es:

$$\begin{aligned} \frac{Q}{Q_{max}} &\approx 0.77 \\ Q &\approx 0.77 \cdot Q_{max} = 0.77 \cdot 4343 \text{ J} = 3344 \text{ J} \end{aligned} \tag{3.21}$$

Este resultado se puede comparar con el que se obtendría al utilizar una expresión analítica para dicho fin (para más detalle ver, por ejemplo, referencia [5]):

$$\frac{Q}{Q_{max}} = 1 - \frac{3\theta_o^*}{\zeta_1^3}\left[\sin(\zeta_1) - \zeta_1 \cos(\zeta_1)\right] \tag{3.22}$$

Para evaluar la expresión (3.22), primero determinamos el valor de θ_o^* de acuerdo con:

$$\begin{aligned} \theta_o^* &= C_1 \cdot \exp\left(-\zeta_1^2 \cdot F_o\right) \\ \theta_o^* &= 1.1877 \cdot \exp\left(-1.3188^2 \cdot 0.853\right) = 0.269 \end{aligned}$$

Por último, al reemplazar ζ_1 (3.13) y θ_o^* en (3.22) se obtiene que:

$$\begin{aligned} \frac{Q}{Q_{max}} &= 1 - \frac{3 \cdot 0.269}{1.3188^3}\left[\sin(1.3188) - 1.3188 \cdot \cos(1.3188)\right] \\ \frac{Q}{Q_{max}} &= 0.775 \end{aligned}$$

Como se puede constatar en este caso, los valores de Q/Q_{max} son idénticos.

3.1.5. *La mejor manera de enfriar una lata de bebida*

Dos amigos discuten sobre la manera más rápida de enfriar una lata de Acme-Cola (60 mm de diámetro y 150 mm de alto), inicialmente a 27°C. Una de las opciones discutida por ellos consiste en dejarla en el refrigerador (de forma horizontal o vertical), el cual se encuentra a 4°C. La opción que usted les propone –después de haber tomado el curso IIQ2002 Fenómenos de Transporte– es sumergir la lata en un baño con agua a 4°C y proceder inmediatamente a desplazarla a una velocidad aproximada de 0.5 m/s. Recordando que el coeficiente de convección inicial h para el caso propuesto por los amigos es de 5.2 W/(m^{2}K), responda:
(a) ¿Cuántas veces más rápido se enfriará inicialmente la lata según el método propuesto por usted?, ¿a qué se debe esta diferencia?
(b) ¿La variación de temperatura al interior de la lata debe modelarse mediante un modelo de parámetros concentrados o distribuidos? Justifique su respuesta.
(c) Si la lata se retira del baño cuando su centro (T_o) ha alcanzado los 10°C e inmediatamente es envuelta con un material aislante ideal, ¿qué temperatura de equilibrio alcanzará la lata cuando $t \longrightarrow \infty$? Considere $h = 500$ W/(m^{2}K).
(d) A partir de las correlaciones vistas en clase, corrobore el valor de $h = 5.2$ W/(m^{2}K) entregado en este problema.
Nota: Desprecie la transferencia de calor por las tapas de la lata. Para efectos de cálculo

(letras (b) y (c)), asuma que las propiedades físicas de la Acme-Cola son las del agua a T_{film}. Datos: $g = 9.8$ m/s^2; $Pr_{aire} = 0.71$; $\nu_{aire} = 14.87 \cdot 10^{-6}$ m^2/s; $\alpha_{aire} = 21 \cdot 10^{-6}$ m^2/s; $k_{aire} = 25.38 \cdot 10^{-3}$ W/(mK); $\beta_{aire} = 1/T_{film}$ 1/K; $Pr_{agua} = 10.26$; $\mu_{agua} = 1.42 \cdot 10^{-3}$ kg/(ms); $\nu_{agua} = 1.42 \cdot 10^{-6}$ m^2/s; $k_{agua} = 0.582$ W/(mK); $\rho_{agua} = 1000$ kg/m^3; $cp_{agua} = 4185$ J/(kgK); $\beta_{agua} = 46.04 \cdot 10^{-6}$ 1/K; $k_{lata} = 237$ W/(mK).

Solución

(a) La tasa de enfriamiento es simplemente la pérdida de calor por convección de la lata. Para el caso de la lata en el refrigerador, ocurre convección natural entre esta y el aire. El flujo de calor se puede modelar como:

$$q_1 = h_1 A(T_w - T_\infty) \tag{3.23}$$

Para el caso en que la lata se sumerge, la pérdida de calor se debe al fenómeno de convección forzada entre ella y el agua. La única diferencia con el primer caso, es la naturaleza del coeficiente h:

$$q_2 = h_2 A(T_w - T_\infty) \tag{3.24}$$

Dividiendo las ecuaciones (3.24) y (3.23), se obtiene:

$$\frac{q_2}{q_1} = \frac{h_2 A(T_w - T_\infty)}{h_1 A(T_w - T_\infty)} = \frac{h_2}{h_1} \tag{3.25}$$

Como $h_1 = 5.2$ W/(m^{2}K), solo falta conocer h_2. Para obtener h_2 debemos determinar el número adimensional Nusselt (Nu):

$$Nu_D = \frac{h_2 \cdot D}{k_{agua}} \tag{3.26}$$

Por otra parte, existen correlaciones para el Nu, las cuales son función de los números de Reynolds (Re) y Prandtl (Pr). En este caso, el número de Reynolds es:

$$Re_D = \frac{U \cdot D}{\nu_{agua}} = \frac{0.5 \text{ m/s} \cdot 60 \cdot 10^{-3} \text{ m}}{1.42 \cdot 10^{-6} \text{ m}^2\text{/s}} = 21126.8$$

Claramente, el número de Reynolds indica que el régimen es turbulento y el número de Pr es conocido ($Pr_{agua} = 10.26$). Ahora, tomando en cuenta que $100 < Re_D = 21126.8 < 10^7$ y que $Re_D \cdot Pr = 216761 > 0.2$, podemos utilizar la correlación de Churchill y Bernstein:

$$Nu_D = 0.3 + \frac{0.62 \cdot Re_D^{1/2} \cdot Pr^{1/3}}{[1 + (0.4/Pr)^{2/3}]^{1/4}} \left\{1 + \left(\frac{Re_D}{282000}\right)^{5/8}\right\}^{4/5} = 220.5 \tag{3.27}$$

Despejando h_2 de la ecuación (3.26), se obtiene:

$$h_2 = \frac{Nu_D \cdot k_{agua}}{D} = \frac{220.5 \cdot 0.582 \text{ W/(mK)}}{60 \cdot 10^{-3} \text{ m}} = 2138.9 \text{ W/(m}^2\text{K)}$$

Una vez calculados los coeficientes de convección, la razón entre las tasas de enfriamiento es:

$$\frac{h_2}{h_1} = \frac{2138.9 \text{ W/(m}^2\text{K)}}{5.2 \text{ W/(m}^2\text{K)}} = 411.3$$

Por lo tanto, la lata se enfriará inicialmente 411 veces más rápido por convección forzada que por convección natural. Esto se explica, debido a que las propiedades del agua son mayores a las del aire a la misma temperatura, junto al efecto de la convección forzada por sobre la natural. Comparativamente, la razón de conductividades k y números de Prandtl (Pr) son:

$$\begin{aligned} \frac{k_{agua}}{k_{aire}} &= \frac{0.582}{25.38 \cdot 10^{-3}} = 23 \text{ veces} \\ \frac{Pr_{agua}}{Pr_{aire}} &= \frac{10.26}{0.71} = 15 \text{ veces} \end{aligned}$$

(b) Para decidir si la temperatura debe modelarse mediante un modelo de parámetros concentrados o distribuidos, evaluaremos el número de Biot (Bi) usando la conductividad del agua, no la de la lata. Esto se debe a que la resistencia y masa del metal (aluminio) son despreciables comparada con la del agua. Por definición, usaremos el largo característico igual a volumen/(área de transferencia de calor), así:

$$Bi = \frac{h_2 \cdot L_c}{k_{agua}} = \frac{h_2}{k_{agua}}\left(\frac{V}{A}\right) = \frac{2138.9 \text{ W/(m}^2\text{K)} \cdot 15 \cdot 10^{-3} \text{ m}}{0.582 \text{ W/(mK)}} = 55.1$$

Dado que $Bi = 55 >> 0.1$, la variación de temperatura al interior de la lata debe modelarse mediante un modelo de parámetros distribuidos.

(c) Para encontrar la temperatura de equilibrio, en esta sección haremos uso de las Figs. 3.3 y 3.4 del problema anterior. Primero, calculemos θ_0 y $1/Bi^*$:

$$\theta_o = \frac{T_o - T_\infty}{T_i - T_\infty} = \frac{10-4}{27-4} = 0.26 \tag{3.28}$$

$$\frac{1}{Bi^*} = \frac{k}{hr_0} = \frac{0.582 \text{ W/(mK)}}{500 \text{ W/(m}^2\text{K)} \cdot 30 \cdot 10^{-3} \text{ m}} = 0.038 \tag{3.29}$$

Usando los resultados (3.28) y (3.29), entramos al gráfico de Heisler y estimamos el tiempo adimensional, resultando $\tau \approx 0.25$. A partir de la definición de τ, se tiene que $t \approx 27$ min.

Conocidos los valores de τ y $1/Bi^*$, se pueden calcular los números adimensionales Bi^* y $Bi^{*2}\tau$:

$$Bi^* = \frac{1}{0.038} \approx 26 \tag{3.30}$$

$$Bi^{*2}\tau = 26^2 \cdot 0.25 \approx 166 \tag{3.31}$$

Ahora, con los resultados (3.30) y (3.31) a través del gráfico de Gröber, podemos leer que $Q/Q_{max} \approx 0.8$, donde Q_{max} está dado por:

$$Q_{max} = mc_p(T_i - T_\infty) \tag{3.32}$$

Para encontrar el calor perdido durante el proceso de enfriamiento, Q, debemos evaluar:

$$Q = mc_p(T_i - T_{eq}) \tag{3.33}$$

Dividiendo (3.32) por (3.33) resulta:

$$\frac{Q}{Q_{max}} = \frac{\cancel{mc_p}(T_i - T_{eq})}{\cancel{mc_p}(T_i - T_\infty)}$$

Despejando el valor T_{eq} de la última ecuación, se obtiene:

$$T_{eq} = T_i - \frac{Q}{Q_{max}}(T_i - T_\infty) = 27 - 0.8 \cdot (27 - 4) \approx 8.6\ °\text{C}$$

Es decir, todo el líquido al interior de la lata llegará a los 8.6°C.

(d) En este caso se pide corroborar que el valor del coeficiente de transferencia de calor h es realista a la situación descrita. Para ello, calcularemos el coeficiente h mediante correlaciones para convección natural en cilindros horizontales.

Despejando el valor de h de la definición del número de Nusselt (Nu):

$$Nu_D = \frac{h \cdot D}{k_{aire}} \tag{3.34}$$

Aplicando la correlación de Churchill y Chu:

$$\bar{N}u_D = \left\{ 0.6 + \frac{0.387 \cdot Ra_D^{1/6}}{\left[1 + \left(\frac{0.559}{Pr}\right)^{9/16}\right]^{8/27}} \right\}^2 \tag{3.35}$$

Siempre que $Ra_D \leq 10^{12}$. Como $Pr = Pr_{aire} = 0.71$ y $Ra_D = Gr_D \cdot Pr$, falta por determinar el número de Grashof Gr_D. Este número adimensional se calcula como:

$$Gr_D = \frac{g\beta D^3(T_w - T_\infty)}{\nu_{aire}^2} = \frac{9.8 \text{ m/s}^2 \cdot 1/288.7 \text{ K}^{-1} \cdot (0.06)^3 \text{ m}^3 \cdot (27-4) \text{ K}}{(14.87 \cdot 10^{-6})^2 \text{ m}^4/\text{s}^2} = 7.63 \cdot 10^5$$

Donde el coeficiente de expansión térmica β para gases es:

$$\beta = \frac{1}{T_{film}}$$

Donde,

$$T_{film} = \frac{(4+27)}{2} = 15.5 \text{ °C} = 288.7 \text{ K}$$

Y el número de Ra_D es:

$$Ra_D = Gr_D \cdot Pr = 7.63 \cdot 10^5 \cdot 0.71 = 541730$$

Como $Ra_D = 541730 \leq 10^{12}$, se puede utilizar la ecuación (3.35). Reemplazando los valores de Ra_D y Pr, se obtiene que $\bar{N}u_D = 12.3$. Finalmente, reemplazando el valor de $\bar{N}u_D$ en la ecuación (3.34) y despejando h se obtiene que:

$$h = \frac{\bar{N}u_D \cdot k_{aire}}{D} = \frac{12.3 \cdot 25.38 \cdot 10^{-3} \text{ W/(m K)}}{0.06 \text{ m}} = 5.2 \text{ W/(m}^2\text{K)} \tag{3.36}$$

Para el caso de *cilindros verticales*, el valor de h se obtiene de manera análoga:

$$Nu_L = \frac{h \cdot L}{k_{aire}} \tag{3.37}$$

Donde L es el largo del cilindro. Para obtener el número Nu_L se aplica el siguiente procedimiento:

1. Se debe usar la correlación de placas verticales si:

$$(Gr_D \cdot Pr)^{1/4} \cdot \frac{D}{L} > 35$$

2. Caso contrario, se debe usar la correlación para placas verticales, pero corrigiendo $\bar{N}u$ por:

$$\hat{N}u = \frac{2}{\ln(1 + 2/\bar{N}u)}$$

Entonces, calculando la primera relación se obtiene:

$$(Gr_D \cdot Pr)^{1/4} \cdot \frac{D}{L} = \left(7.63 \cdot 10^5 \cdot 0.71\right)^{1/4} \cdot \frac{60}{150} = 10.85$$

Como no se cumple la primera relación, utilizamos la segunda. Así, la correlación para placas verticales es:

$$\bar{N}u_L = \left\{ 0.825 + \frac{0.387 \cdot Ra_L^{1/6}}{\left[1 + \left(\frac{0.492}{Pr}\right)^{9/16}\right]^{8/27}} \right\}^2 \tag{3.38}$$

Donde se debe cumplir que $Ra_L \leq 10^{12}$. Aquí:

$$Ra_L = Gr_L \cdot Pr = Pr \cdot \left(\frac{g\beta L^3 (T_w - T_\infty)}{\nu_{aire}^2} \right)$$

Reemplazando,

$$Ra_L = 0.71 \cdot \frac{9.8 \text{ m/s}^2 \cdot 1/288.7 \text{ K}^{-1} \cdot (0.15)^3 \text{ m}^3 \cdot (27 - 4) \text{ K}}{(14.87 \cdot 10^{-6})^2 \text{ m}^4/\text{s}^2} = 8.46 \cdot 10^6$$

Entonces, se reemplazan los valores de Ra_L y Pr en la ecuación (3.38):

$$\bar{N}u_L = \left\{ 0.825 + \frac{0.387 \cdot (8.46 \cdot 10^6)^{1/6}}{\left[1 + \left(\frac{0.492}{0.71}\right)^{9/16}\right]^{8/27}} \right\}^2 = 29.77 \tag{3.39}$$

Aplicando la corrección al número de $\bar{N}u_L$, se obtiene que:

$$\hat{N}u = \frac{2}{\ln(1 + 2/29.77)} = 30.75 \approx 30.8$$

Finalmente, el valor h buscado es:

$$h = \frac{\hat{N}u \cdot k_{aire}}{L} = \frac{30.8 \cdot 25.38 \cdot 10^{-3} \text{ W/(mK)}}{0.15 \text{ m}} = 5.21 \text{ W/(m}^2\text{K)} \tag{3.40}$$

Por lo tanto, ya sea usando correlaciones para cilindros horizontales o verticales, el valor del coeficiente de convección es el mismo e igual a $h = 5.2$ W/(m^{2}K).

3.1.6. *Transferencia de calor en un biorreactor batch*

Una levadura especial se cultiva en un *bioreator batch* tal como el mostrado en la Figura 3.5. El microorganismo crece en presencia de agua y nutrientes, consumiendo el O_2 disuelto. Durante este proceso, la levadura genera una cantidad de calor igual a $\dot{q}$ (W/m^3); este calor si no es removido inmediatamente del reactor, producirá un aumento de su temperatura T. Por condiciones fisiológicas, este microorganismo no puede estar expuesto a una temperatura mayor a T_{max}; a partir de este valor la levadura comenzará a morir. Con el fin de aumentar la transferencia de calor hacia el ambiente, el biorreactor ha sido especialmente acondicionado con un sistema de agitación, el cual además facilita la oxigenación de la levadura. El agitador posee un diámetro D_a y gira a N revoluciones por segundo. Para el caso descrito aquí, se conoce una correlación para el número de *Nusselt*, la que está dada por:

$$Nu_D = \frac{h \cdot D_{reactor}}{k} = 0.36 \cdot Re^{2/3} \cdot Pr^{1/3}$$

Para sistemas de agitación, el número de Reynolds se define como:

$$Re = \frac{D_a^2 \cdot N \cdot \rho}{\mu}$$

Por otra parte, se sabe que el reactor se encuentra en contacto con aire a una temperatura constante T_∞.

(a) Calcule el coeficiente de convección (h_i) entre la pared interna del biorreactor y el agua.
(b) Calcule el coeficiente de convección (h_o) entre la pared externa del biorreactor y el aire. Use $T_w = 30°C$.
(c) ¿Qué paso de la transferencia de calor es limitante, h_i o h_o?
(d) Si la temperatura de pared (T_w) del biorreactor es de 30°C, estime las pérdidas de calor por radiación en el manto y tapa superior de este. Las emisividades de las superficies externas son igual a ε.
(e) Si la temperatura T del agua es de 35°C, estime el flujo de calor q que sale del biorreactor por convección. Para efectos de cálculo, desprecie el espesor de la pared del biorreactor y la convección que ocurre por la tapa superior de este. La tapa inferior se encuentra aislada térmicamente.
(f) ¿Qué sucede con la transferencia de calor encontrada en (e), si las revoluciones N del agitador se duplican?
(g) Asumiendo que los coeficientes de convección encontrados en (a) y (b) se mantienen constantes, estime la temperatura del biorreactor en estado estacionario. Para el cálculo de las pérdidas por radiación, asuma que la temperatura de la pared externa es igual a la temperatura T del biorreactor en estado estacionario. A partir de la temperatura de equilibrio encontrada por usted, responda: ¿se morirá o no la levadura?
(h) Si las pérdidas de calor por radiación no se consideran en el análisis y los coeficientes de convección encontrados en (a) y (b) no varían, estime la temperatura T del biorreactor en estado estacionario. A partir de la temperatura de equilibrio encontrada por usted, responda:

¿se morirá o no la levadura?
Datos: volumen de cultivo líquido = 8 m^3; $\dot{q}$ = 157.4 W/m^3; Pr_{agua} = 5.2; Pr_{aire} = 0.707; ν_{aire} = $15.89 \cdot 10^{-6}$ m^2/s; ρ_{aire} = 1.16 kg/m^3; k_{aire} = 0.0263 W/(mK); μ_{agua} = $7.69 \cdot 10^{-4}$ Ns/m^2; ρ_{agua} = 995 kg/m^3; k_{agua} = 0.62 W/(mK); β_{aire} = $3.21 \cdot 10^{-8}$ 1/K; cp_{agua} = 4178 J/(kgK); $\sigma = 5.67 \cdot 10^{-8}$ W/(m^{2}K^4); $\varepsilon = 0.17$; D_a = 1.0 m; $D_{reactor}$ = 1.5 m; L = 1.8 m; N = 0.5 rev/s; T_{max} = 42°C; T_∞ = 20°C; T_{alr} = 18°C.

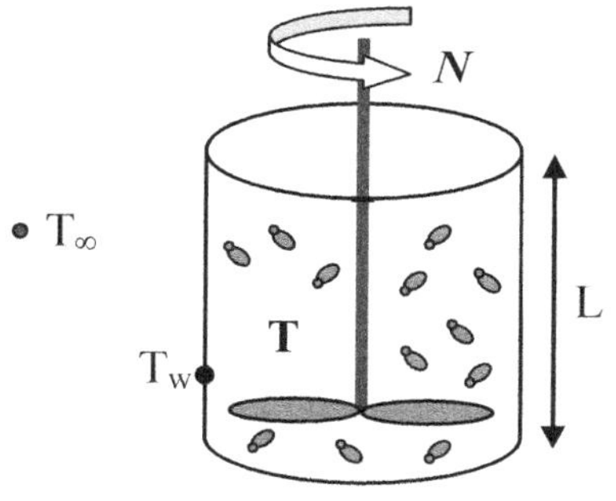

Figura 3.5: *Biorreactor batch.*

Solución

(a) A partir de la definición entregada, el número de Reynolds (Re) es:

$$Re = \frac{D_a^2 \cdot N \cdot \rho}{\mu}$$

$$Re = \frac{1 \cdot 0.5 \cdot 995}{7.69 \cdot 10^{-4}} = 646944 \qquad (3.41)$$

Utilizando esta información junto a la entregada en el enunciado, estimamos el valor del número de Nusselt (Nu_D):

$$Nu_D = 0.36 \cdot Re^{2/3} \cdot Pr^{1/3}$$

$$Nu_D = 0.36 \cdot (646944)^{2/3} \cdot (5.2)^{1/3} = 4665.3 \qquad (3.42)$$

Usando la definición del número de Nusselt podemos estimar el coeficiente de transferencia de calor interno del reactor:

$$Nu_D = \frac{h_i \cdot D_{reactor}}{k}$$

$$h_i = \frac{Nu_D \cdot k}{D_{reactor}} = \frac{4665.3 \cdot 0.62}{1.5}$$

$$h_i = 1928 \text{ W/(m}^2\text{K)} \qquad (3.43)$$

(b) Para calcular el coeficiente de transferencia de calor externo debemos conocer el valor del número de Rayleigh (Ra_D). Para obtenerlo, determinamos en primer término el valor del coeficiente de expansión volumétrico del aire (β):

$$\begin{aligned} \beta &= \frac{1}{T_{film}} \\ \beta &= \frac{1}{25 + 273.15} = 3.354 \cdot 10^{-3}\ \mathrm{K}^{-1} \end{aligned} \tag{3.44}$$

Con este dato estimamos el número de Grashof (Gr_D):

$$\begin{aligned} Gr_D &= \frac{g\beta(T_s - T_\infty)D^3}{\nu^2} \\ Gr_D &= \frac{9.8 \cdot 3.354 \cdot 10^{-3} \cdot (30 - 20) \cdot (1.5)^3}{(15.89 \cdot 10^{-6})^2} = 4.3935 \cdot 10^9 \end{aligned} \tag{3.45}$$

Ahora, el número de Rayleigh (Ra_D) es:

$$\begin{aligned} Ra_D &= Gr \cdot Pr \\ Ra_D &= 4.3935 \cdot 10^9 \cdot 0.707 = 3.106 \cdot 10^9 \end{aligned} \tag{3.46}$$

Con los valores de las ecuaciones (3.45) y (3.46), verificamos si podemos utilizar la correlación para placas verticales sin corrección:

$$(Gr \cdot Pr)^{1/4} \cdot \frac{D}{L} = 196.7$$

Dado que $196.7 > 35$, usamos la correlación para placas verticales sin corregir el número de Nusselt ($\bar{N}u_L$). Aquí, utilizamos la correlación de Churchill & Chu (3.38), para lo cual necesitamos conocer los valores de Gr_L y Ra_L:

$$\begin{aligned} Gr_L &= 7.59 \cdot 10^9 \\ Ra_L &= 5.367 \cdot 10^9 \\ \bar{N}u_L &= 207.2 \end{aligned} \tag{3.47}$$

Finalmente, con la ecuación (3.47) podemos determinar el coeficiente de transferencia de calor externo del reactor:

$$\begin{aligned} \bar{N}u_L &= \frac{h_o \cdot L}{k_{aire}} \\ h_o &= \frac{\bar{N}u_L \cdot k_{aire}}{L} = \frac{207.2 \cdot 0.0263}{1.8} \\ h_o &= 3.03\ \mathrm{W/(m^2K)} \end{aligned} \tag{3.48}$$

(c) El paso limitante está dado por h_o, pues $h_o << h_i$. Esto se explica debido a que la resistencia térmica por convección es inversamente proporcional al valor de h.

(d) Aquí, debemos calcular el intercambio de calor por radiación del manto y la tapa del biorreactor con sus alrededores. Para el primer caso:

$$\begin{aligned} q_{rad,1} &= \varepsilon\sigma A_{manto}\left(T^4 - T_{alr}^4\right) \\ q_{rad,1} &= 0.17 \cdot 5.67 \cdot 10^{-8} \cdot (\pi \cdot 1.5 \cdot 1.8) \cdot \left(303.15^4 - 291.15^4\right) \\ q_{rad,1} &= 103 \text{ W} \end{aligned} \tag{3.49}$$

La pérdida de calor por radiación desde la tapa superior del reactor es:

$$\begin{aligned} q_{rad,2} &= \varepsilon\sigma A_{tapa}\left(T^4 - T_{alr}^4\right) \\ q_{rad,2} &= 0.17 \cdot 5.67 \cdot 10^{-8} \cdot \left(\pi \cdot \frac{1.5^2}{4}\right) \cdot \left(303.15^4 - 291.15^4\right) \\ q_{rad,2} &= 21.5 \text{ W} \end{aligned} \tag{3.50}$$

La tasa de transferencia de calor total por radiación es igual a:

$$\begin{aligned} q_{rad\ tot} &= q_{rad,1} + q_{rad,2} \\ q_{rad\ tot} &= 103 + 21.5 = 124.5 \text{ W} \end{aligned} \tag{3.51}$$

(e) Ahora debemos calcular la tasa de transferencia de calor debido a la convección natural y forzada. Para ello, podemos usar el resultado de resistencias en serie dadas por los términos de convección interna y externa. Para el caso de una resistencia de pared despreciable, la tasa de calor debido a la convección es:

$$q_{conv} = \frac{A_{manto}\left(T - T_\infty\right)}{\dfrac{1}{h_i} + \dfrac{1}{h_o}} \tag{3.52}$$

$$\begin{aligned} q_{conv} &= \frac{\pi \cdot 1.5 \cdot 1.8 \cdot (35 - 20)}{\dfrac{1}{1928} + \dfrac{1}{3.03}} \\ q_{conv} &= 384.9 \text{ W} \end{aligned} \tag{3.53}$$

(f) Si N se duplica, podemos escalar todos los resultados por $2^{2/3}$:

$$\begin{aligned} Nu_D' &= Nu_D \cdot 2^{2/3} \\ h_i' &= h_i \cdot 2^{2/3} \\ h_i' &= 1928 \cdot 2^{2/3} = 3060.5 \text{ W/(m}^2\text{K)} \end{aligned} \tag{3.54}$$

Si reemplazamos h_i' en (3.52), el término de calor convectivo resulta ser:

$$\begin{aligned} q_{conv}' &= \frac{\pi \cdot 1.5 \cdot 1.8 \cdot (35 - 20)}{\dfrac{1}{3060.5} + \dfrac{1}{3.03}} \\ q_{conv}' &= 385.1 \text{ W} \end{aligned} \tag{3.55}$$

Comparando las ecuaciones (3.53) y (3.55), se puede concluir que la transferencia de calor aumenta en un 0.06 %, es decir, el efecto es despreciable. Por lo tanto, para poder aumentar la transferencia de calor sería más efectivo, por ejemplo, el uso de una chaqueta refrigerante.

(g) Aquí, realizamos un balance diferencial de energía considerando estado estacionario, es decir:

$$\begin{aligned} q_{gen} &= q_{rad\,tot} + q_{conv} \\ \dot{q} \cdot V &= \varepsilon\sigma \left(A_{manto} + A_{tapa}\right)\left(T^4 - T_{alr}^4\right) + \frac{A_{manto}\left(T - T_\infty\right)}{\dfrac{1}{h_i} + \dfrac{1}{h_o}} \\ T &= 326.3 \text{ K} = 53.1°\text{C} \end{aligned} \tag{3.56}$$

Dado que $T > T_{max}$, la levadura se muere.

(h) Al no considerar el término de transferencia de calor por radiación, el balance de energía en estado estacionario toma la siguiente forma:

$$\begin{aligned} q_{gen} &= q_{conv} \\ \dot{q} \cdot V &= \frac{A_{manto}\left(T' - T_\infty\right)}{\dfrac{1}{h_i} + \dfrac{1}{h_o}} \\ T' &= 342.3 \text{ K} = 69.1°\text{C} \end{aligned} \tag{3.57}$$

Nuevamente $T' > T_{max}$, por lo tanto, la levadura se muere. Nótese que al no considerar el término de radiación, las pérdidas de calor fueron subestimadas; por consiguiente, la temperatura de equilibrio del cultivo fue sobreestimada.

3.1.7. *Condensación de vapor sobre una placa*

Vapor, a presión atmosférica, condensa sobre una placa vertical cuya superficie es igual a 0.25 m^2. La placa se encuentra a una temperatura de 96°C. Encuentre el valor promedio del coeficiente de transferencia de calor h_m, entre la placa y el vapor. Además, obtenga la cantidad de condensado que se produce por hora.
<u>*Datos*</u>: Las propiedades del condensado son: $\rho = 960$ kg/m^3; $k = 0.68$ W/(mK); $\mu = 2.82 \cdot 10^{-4}$ kg/(ms); $\Delta H_{vap} = 2255$ kJ/kg; $T_v = 100$°C. El largo L de la placa es igual a 0.5 m. Para placas verticales con condensación existe la siguiente correlación:

$$Nu = \frac{2.4 \cdot \sqrt{2}}{3}\left[\frac{\rho^2 \cdot g \cdot \Delta H_{vap} \cdot L^3}{\mu \cdot (T_v - T_w) \cdot k}\right]^{1/4}$$

Donde T_v = temperatura del vapor, T_w = temperatura de la pared, y las propiedades físicas del condensado se evalúan a la temperatura de film.

Solución

Reemplazando los datos del enunciado en la correlación entregada, se tiene que el valor del número adimensional Nusselt (Nu) es:

$$Nu \approx 8587 \tag{3.58}$$

A continuación, usando la definición del número de Nusselt y la ecuación (3.58), se tiene que el coeficiente de convección (h) es:

$$\begin{aligned} Nu &= \frac{h_m \cdot L_c}{k} \\ h_m &= \frac{8587 \cdot 0.68}{0.5} = 11678 \text{ W/(m}^2\text{K)} \end{aligned} \tag{3.59}$$

Así, la tasa de transferencia de calor es:

$$q_{placa} = h_m A(T_w - T_v) \tag{3.60}$$

Por otro lado, el calor que el vapor entrega a la placa es:

$$q_{vap} = \dot{m} \cdot \Delta H_{vap} \tag{3.61}$$

Asumiendo que el vapor pierde calor solo por cambio de fase y que este se lo entrega íntegramente a la placa:

$$\begin{aligned} q_{placa} &= q_{vap} \\ h_m A(T_v - T_w) &= \dot{m} \cdot \Delta H_{vap} \\ \dot{m} &= \frac{h_m A(T_v - T_w)}{\Delta H_{vap}} \\ \dot{m} &= \frac{11678 \cdot 0.25 \cdot 4}{2255 \cdot 10^3} \\ \dot{m} &= 0.0052 \text{ kg/s} = 18.6 \approx 19 \text{ kg/h} \end{aligned}$$

Es decir, se producen aproximadamente 19 kg de condensado por hora.

3.2. Transferencia de masa

3.2.1. *Evaporación de agua sobre una loza*

Considere una loza cuadrada de concreto de 5×5 m^2, la cual tiene sobre su superficie una capa de agua de 0.3 mm de espesor. Durante el día soplan vientos con una velocidad promedio de 50 km/h, paralelos a la loza. Si se considera que el aire está a 15°C, 1 atm, y con un 35 % de humedad relativa (HR), determine el tiempo que demora la loza en secarse completamente. Asuma que el agua se encuentra a la misma temperatura que el aire.
Datos: $\nu_{aire} = 1.47 \cdot 10^{-5}$ m^2/s; $\rho_{aire} = 1.225$ kg/m^3; $\rho_{agua} = 999$ kg/m^3; la presión de vapor del agua (presión de saturación) a 15°C es de 1705 Pa; la difusividad de vapor de agua en aire a 15°C es = $2.33 \cdot 10^{-5}$ m^2/s; peso molecular del aire = 29 g/mol; peso molecular del agua = 18 g/mol; $R = 8.314$ J/(molK); HR = razón entre la presión parcial del vapor de agua y la presión de vapor del agua a la temperatura del aire.

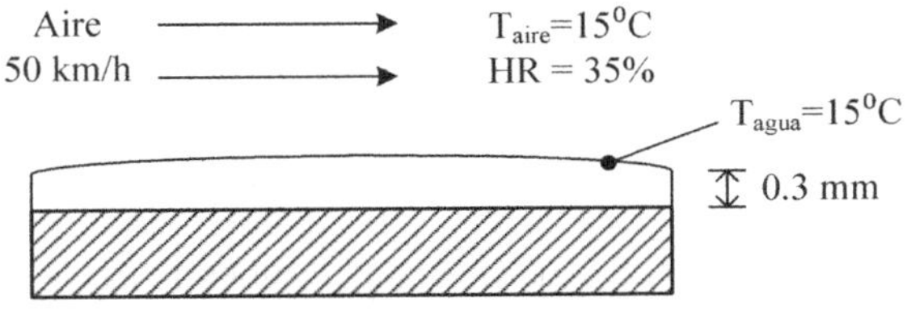

Figura 3.6: *Diagrama de la loza mojada.*

Solución

Supuestos

- La evaporación del agua puede modelarse en estado estacionario.

La tasa de evaporación puede modelarse mediante una expresión del tipo:

$$N_A = k_c' A_s (C_{A,S} - C_{A,\infty}) \tag{3.62}$$

Donde k_c' es el coeficiente de transferencia de masa, el que multiplica a la diferencia de concentración del agua (A) en la superficie de la loza (S) y el aire (∞). k_c' se obtiene a partir de correlaciones para el número de Sherwood (Sh), que se define como:

$$Sh = \frac{k_c' \cdot L_c}{D_{AB}} \tag{3.63}$$

Antes de usar cualquier correlación, debemos determinar los números de Reynolds (Re_L) y Schmidt (Sc). El primero de ellos, se calcula como:

$$Re_L = \frac{UL_c}{\nu_{aire}} = \frac{50/3.6 \text{ m/s} \cdot 5 \text{ m}}{1.47 \cdot 10^{-5} \text{ m}^2/\text{s}} = 4.724 \cdot 10^6$$

De acuerdo con el número de Reynolds, el flujo es turbulento ($Re_L > 4000$). Por otra parte, el número de Schmidt se calcula como:

$$Sc = \frac{\nu_{aire}}{D_{AB}} = \frac{1.47 \cdot 10^{-5} \text{ m}^2/\text{s}}{2.33 \cdot 10^{-5} \text{ m}^2/\text{s}} = 0.63$$

Dado los valores de Re_L y Sc, podemos aplicar la siguiente correlación para placas bajo régimen turbulento:

$$\bar{Sh}_L = 0.037 \cdot Re_L^{4/5} \cdot Sc^{1/3} = 0.037 \cdot (4.724 \cdot 10^6)^{4/5} \cdot (0.63)^{1/3} = 6930.48$$

Reemplazando el valor de $\bar{Sh}_L$ en la ecuación (3.63) y despejando k_c', se obtiene:

$$k_c' = \frac{\bar{Sh}_L \cdot D_{AB}}{L_c} = \frac{6930.48 \cdot 2.33 \cdot 10^{-5} \text{ m}^2/\text{s}}{5 \text{ m}} = 0.032 \text{ m/s}$$

Ahora, se puede ocupar la ecuación (3.62) para obtener el flujo molar de agua en aire. Para ello, estimamos la presión parcial del agua en el aire usando la siguiente definición de humedad relativa (HR):

$$HR = \frac{p_{gas}}{p_{saturacion}} = \frac{p_{A,\infty}}{p_{A,S}} = 0.35$$

Donde $p_{A,S} = 1705$ Pa. Ahora podemos usar la ley de gases ideales, reemplazando C_A por presiones parciales en (3.62). Evaluando (3.62) y multiplicando por el peso molecular del agua, obtenemos el flujo másico:

$$n_A = 25 \cdot \text{m}^2 \cdot 0.032 \text{ m/s} \cdot \frac{18 \text{ g/mol} \cdot 1705 \text{ Pa}}{8.314 \text{ J/(molK)} \cdot 288.15 \text{ K}} \cdot (1 - 0.35) = 6.661 \text{ g/s}$$

Asumiendo que el flujo de A se mantiene constante durante el proceso de evaporación (i.e., estado estacionario), el tiempo que demora el agua en evaporarse completamente es:

$$t = \frac{V \cdot \rho_{\text{agua}}}{N_A} = \frac{25 \text{ m}^2 \cdot 0.3 \cdot 10^{-3} \text{ m} \cdot 999 \text{ kg/m}^3}{6.661 \cdot 10^{-3} \text{ kg/s}} = 1124.8 \text{ s} = 18.7 \text{ min}$$

3.2.2. *Evaporación dentro de un recipiente*

Considere un recipiente cilíndrico abierto de diámetro D, parcialmente lleno con agua a una temperatura T (ver Fig. 3.7). El aire del ambiente se encuentra también a una temperatura T y presión p, y tiene una humedad relativa HR_0.
(a) Suponga que el recipiente se cierra dejando atrapado un volumen V de aire. Encuentre una expresión algebraica que permita modelar el tiempo que demora el aire encerrado en alcanzar un valor de saturación o humedad relativa HR. Asuma que no existen perfiles de concentración del vapor de agua en el aire, que el descenso del nivel de agua dentro del recipiente es despreciable y que la temperatura y presión del sistema se mantienen constantes.
(b) Encuentre el tiempo que demora el aire en alcanzar un 90 % de saturación. Para ello, tome en cuenta que al cabo de 5 min, el aire atrapado en el recipiente posee un 60 % de saturación.
Datos: $D = 10$ cm; $V = 500$ mL; $HR = p_A/p_{sat}$, es decir, la razón entre la presión parcial del vapor de agua y la presión de vapor del agua a la temperatura del aire (o presión de saturación p_{sat}); $HR_0 = 0.10$.

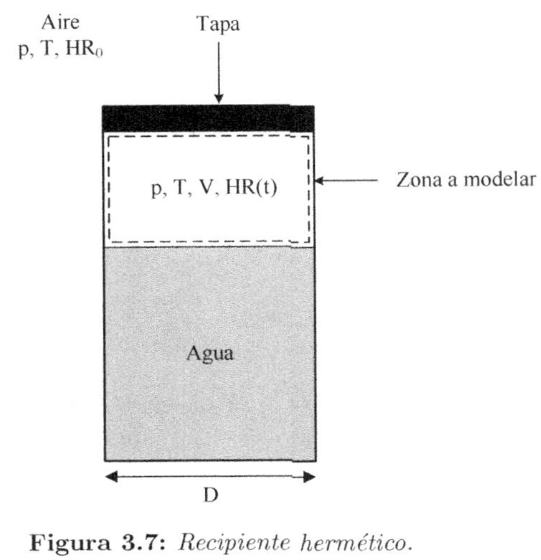

Figura 3.7: *Recipiente hermético.*

Solución

Supuestos

- El aire en el contenedor se mantiene a una temperatura constante e igual a T.
- El descenso del nivel del agua dentro del recipiente es despreciable ($V \approx constante$).

(a) Para resolver este problema, realizamos un balance tomando como volumen de control la zona punteada al interior del recipiente (V en la Fig. (3.7)):

$$\begin{aligned} \text{acumulación} &= \text{entrada} \\ V\frac{dC_A}{dt} &= k_c' A_s \left(C_{A,sat} - C_A\right) \end{aligned} \tag{3.64}$$

Donde C_A corresponde a la concentración del agua en el aire, $C_{A,sat}$ es la concentración del vapor de agua en la interfase líquido-aire y A_s es el área de la superficie libre del agua en contacto con el aire.

A continuación, si utilizamos la ecuación de gases ideales, $p = C/RT$, y la definición de humedad relativa, $HR = p_A/p_{sat}$, en la ecuación (3.64):

$$\begin{aligned} \frac{1}{RT}\frac{dp_A}{dt} &= \frac{k_c' A_s}{VRT}\left(p_{sat} - p_A\right) \\ \frac{dp_A}{dt} &= \frac{k_c' A_s p_{sat}}{V}\left(1 - \frac{p_A}{p_{sat}}\right) \\ \frac{d}{dt}\left(\frac{p_A}{p_{sat}}\right) &= \frac{k_c' A_s}{V}\left(1 - \frac{p_A}{p_{sat}}\right) \\ \frac{dHR}{dt} &= \frac{k_c' A_s}{V}\left(1 - HR\right) \end{aligned} \tag{3.65}$$

Cuya condición inicial está dada por $HR(0) = HR_0$. Luego, si integramos la ecuación (3.65) usando dicha condición inicial:

$$\begin{aligned} \int_{HR_0}^{HR} \frac{dHR}{1 - HR} &= \frac{k_c' A_s}{V}\int_0^t dt \\ \ln\left(\frac{1 - HR}{1 - HR_0}\right) &= -\frac{k_c' A_s t}{V} \\ \frac{1 - HR}{1 - HR_0} &= \exp\left(-\frac{k_c' A_s t}{V}\right) \\ HR(t) &= 1 - (1 - HR_0)\exp\left(-\frac{k_c' A_s t}{V}\right) \end{aligned} \tag{3.66}$$

(b) Para determinar el tiempo necesario para alcanzar un 90 % de saturación, primero debemos conocer k_c' a partir de los datos del enunciado. Para ello, debemos reemplazar HR(t = 5 min) = 0.60 y $A_s = \pi D^2/4$ en la ecuación (3.66), y luego despejar el coeficiente de transferencia de masa:

$$\begin{aligned} k_c' &= -\frac{4V}{\pi D^2 t}\ln\left(\frac{1 - HR(t = 5)}{1 - HR_0}\right) \\ k_c' &= -\frac{4 \cdot 0.5 \cdot 10^{-3}\ \text{m}^3}{\pi \cdot 0.1^2\ \text{m}^2 \cdot 300\ \text{s}}\ln\left(\frac{1 - 0.6}{1 - 0.1}\right) \\ k_c' &= 1.72 \cdot 10^{-4}\ \text{m/s} \end{aligned} \tag{3.67}$$

Utilizando nuevamente la ecuación (3.66) y el resultado (3.67), obtenemos finalmente el tiempo que demora el aire en saturarse en un 90 %:

$$\begin{aligned} t &= -\frac{4V}{\pi D^2 k_c'} \cdot \ln\left(\frac{1 - HR(t)}{1 - HR_0}\right) \\ t &= -\frac{4 \cdot 0.5 \cdot 10^{-3}\ \mathrm{m}^3}{\pi \cdot 0.1^2\ \mathrm{m}^2 \cdot 1.72 \cdot 10^{-4}\ \mathrm{m/s}} \cdot \ln\left(\frac{1 - 0.9}{1 - 0.1}\right) \\ t &= 813\ \mathrm{s} \approx 13.6\ \mathrm{min} \end{aligned} \tag{3.68}$$

Cabe mencionar que el tiempo de evaporación depende fuertemente de la temperatura del sistema. Este valor quedó implícito al usar el hecho de que el sistema demoró 5 minutos en alcanzar un 60 % de saturación.

3.2.3. *La estrategia de la gallina africana*

Para reducir la amenaza de los depredadores, urogallo de arena deposita sus huevos en lugares distantes de las fuentes de agua*. Para llevar agua a sus crías, el urogallo vuela a la fuente más cercana y, mediante la inmersión de la parte inferior de su cuerpo, recoge agua en su plumaje. El urogallo regresa a su nido y sus crías beben agua del plumaje. Por supuesto, si el tiempo de vuelo es demasiado largo, las pérdidas producto de la evaporación ocasionarán una reducción significativa en el contenido de agua del plumaje.
Para comprender mejor la transferencia de calor convectiva durante el vuelo, se llevaron a cabo estudios en un túnel de viento con el uso de modelos de urogallo. Así, se determinó el coeficiente de transferencia de calor por convección. Los resultados para diferentes velocidades de aire y tamaños de modelo se usaron para desarrollar una correlación empírica de la forma:

$$\bar{N}u_L = 0.034 \cdot Re_L^{4/5} \cdot Pr^{1/3}$$

El área efectiva de la superficie de la parte que recoge agua del plumaje se designa como A_s y el largo característico se define como $L = (A_s)^{1/2}$. Considere las condiciones para las que el urogallo recoge 0.05 kg de agua dentro del plumaje de $A_s = 0.04$ m^2 y regresa a su nido a una velocidad constante $U = 30$ m/s. El aire del ambiente está quieto y posee una temperatura $T = 37$°C. Si, a lo largo del vuelo, la superficie A_s se cubre con una película de agua líquida, la cual se mantiene a $T_s = 32$°C, ¿cuál es la distancia máxima permisible del nido a la fuente de agua, si el ave debe regresar con al menos 50 % del suministro de agua inicial? Puede asumir que el aire está seco (humedad relativa igual a 0 %). ¿En qué se basan los supuestos utilizados para resolver este problema? Resuelva este problema utilizando: (a) Analogía de Reynolds y (b) Analogía de Chilton-Colburn con $Pr_{aire} = 0.706$
Datos: $\nu_{aire} = 16.7 \cdot 10^{-6}$ m^2/s; $\nu_{agua\ lqda} = 6.9 \cdot 10^{-4}$ m^2/s; difusividad de vapor de agua en aire $D_{AB} = 26 \cdot 10^{-6}$ m^2/s; presiones de vapor del agua a p_{vap}(@ 32°C) = 4754 Pa y p_{vap}(@ 37°C) = 6275 Pa; peso molecular del agua $PM = 18$ g/mol; $R = 8.314$ J/(molK).

* (Ref. [5])

Figura 3.8: *Modelamiento de la gallina africana.*

Solución

(a) En primer lugar, para poder resolver este problema debemos determinar el número de Prandtl (Pr). Sin embargo, el problema en cuestión corresponde a uno de *transferencia de masa* y no de *transferencia de calor*. Por ende, la única forma de resolverlo, es mediante el uso de alguna *analogía*.

Supuestos

- La evaporación de agua desde el cuerpo del urogallo ocurre a una tasa constante.

La *Analogía de Reynolds* establece que para gases con $Pr \approx 1$:

$$Pr \approx Sc \tag{3.69}$$
$$Nu \approx Sh \tag{3.70}$$

Usando la relación (3.69) se tiene que el número de Prandtl se puede calcular como:

$$Pr = \frac{\nu_{aire}}{\alpha_{aire}} \approx \frac{\nu_{aire}}{D_{AB}}$$
$$Pr = \frac{16.7 \cdot 10^{-6}}{26 \cdot 10^{-6}} = 0.642 \tag{3.71}$$

Por otro lado, el número de Reynolds (Re) está dado por:

$$Re_L = \frac{u \cdot L}{\nu_{aire}} = 359281 \tag{3.72}$$

Utilizando los resultados (3.71) y (3.72) en la correlación entregada, se tiene:

$$\bar{N}u_L = 0.034 \cdot Re_L^{4/5} \cdot Pr^{1/3} \approx 816 \tag{3.73}$$

Luego, usando (3.70) y el último resultado obtenido, el número de Sherwood es:

$$\bar{Sh}_L = 816 \tag{3.74}$$

Ahora se puede determinar el coeficiente de transferencia de masa (k_c'), según la definición del número adimensional Sherwood:

$$\begin{aligned} \bar{Sh}_L &= \frac{k_c' \cdot L}{D_{AB}} \\ k_c' &= \frac{\bar{Sh}_L \cdot D_{AB}}{L} = 0.106 \text{ m/s} \end{aligned}$$

Por otra parte, el flujo molar de agua (constante) está dado por:

$$N_A = k_c' A_s (C_s - C_\infty) = \frac{A_s \cdot k_c'}{RT}(p_s - p_\infty)$$

Donde p_s corresponde a la presión parcial del vapor de agua a 32°C, p_∞ es la presión parcial del vapor de agua lejos del urogallo (en este caso, esta presión es cero, pues el aire se encuentra *seco*) y T es la temperatura a la cual se encuentra el vapor, es decir 32°C. Así, el flujo molar es:

$$N_A = 8 \cdot 10^{-3} \text{ mol/s}$$

Convirtiendo este resultado a base másica (usando la masa molar del agua) se tiene:

$$\dot{m}_A = 1.43 \cdot 10^{-4} \text{ kg/s}$$

Dado que el urogallo debe volver con al menos el 50 % de su contenido en agua (i.e., 0.025 kg), y asumiendo una tasa de evaporación constante, se tiene que el tiempo de vuelo máximo del urogallo es:

$$t_{max} = \frac{m_{agua\ min}}{\dot{m}_A} = 174.7 \text{ s} \approx 175 \text{ s}$$

Finalmente, la distancia máxima permisible entre el nido y la fuente de agua es:

$$d_{max} = U \cdot t_{max} = 5250 \text{ m} = 5.25 \text{ km}$$

(b) Ahora resolveremos el problema usando la analogía de Chilton-Colburn, la cual es válida para $0.5 < Pr < 600$ y $Re > 10^4$. Esta analogía establece:

$$j_H = j_M \tag{3.75}$$

$$St \cdot Pr^{2/3} = St_m \cdot Sc^{2/3} \tag{3.76}$$

Las definiciones del número de Stanton para transferencia de calor (St) y transferencia de masa (St_m) son, respectivamente:

$$St = \frac{Nu_L}{Re \cdot Pr} \tag{3.77}$$

$$St_m = \frac{Sh_L}{Re \cdot Sc} \tag{3.78}$$

Utilizando el valor del número de Prandtl (Pr), calculamos el número de Nusselt (Nu_L):

$$\bar{N}u_L = 0.034 \cdot Re_L^{4/5} \cdot Pr^{1/3} = 842.2$$

Finalmente, combinamos las ecuaciones (3.77) y (3.78) para determinar el valor del número de Sherwood (Sh_L):

$$\begin{aligned} St \cdot Pr^{2/3} &= St_m \cdot Sc^{2/3} \\ \frac{Nu_L}{Re \cdot Pr} \cdot Pr^{2/3} &= \frac{Sh_L}{Re \cdot Sc} \cdot Sc^{2/3} \\ Sh_L &= Nu_L \cdot \left(\frac{Sc}{Pr}\right)^{1/3} \\ Sh_L &= 842.22 \cdot \left(\frac{0.642}{0.706}\right)^{1/3} = 816 \end{aligned}$$

Como podemos constatar a partir de este último resultado, el valor del número de Sherwood (Sh_L) es idéntico al calculado en el caso anterior, por lo que la distancia máxima entre la fuente de agua y el nido será la misma.

3.2.4. *Evaporación desde la pared de una cañería*

Al interior de una cañería de 10 mm de diámetro, aire a 25°C y 1 atm, fluye a una razón de $\dot{m}$ kg/s. Bajo estas condiciones, se sabe que el aire se encuentra en un régimen plenamente desarrollado. Si la superficie interna de la cañería siempre se encuentra con una capa de agua: estime el largo de cañería necesario para que el aire alcance un 98 % de saturación. La saturación se define como la razón entre la presión parcial del vapor de agua en la corriente de aire y su presión de vapor a la misma temperatura. Para fines de cálculo, considere que el aire entra seco a la cañería y que no varía su temperatura a lo largo de esta.
Datos: $\dot{m} = 10^{-3}$ kg/s; densidad del aire a 25°C = 1.17 kg/m^3; $\mu_{aire} = 1.836 \cdot 10^{-5}$ Pa·s; presión de vapor del agua a 25°C = 3165.4 Pa; coeficiente binario de difusión de agua en aire a 25°C, $D_{AB} = 2.6 \cdot 10^{-5}$ m^2/s.

Solución

En primer lugar, para poder determinar la correlación más adecuada, debemos calcular los números de Reynolds (Re) y Schmidt (Sc). Así, usando el dato de flujo másico ($\dot{m} = \rho U A$ y $A = \pi D^2/4$):

$$\begin{aligned} Re &= \frac{\rho U D}{\mu} = \frac{4\dot{m}}{\pi D \mu} \\ Re &= \frac{4 \cdot 10^{-3}\ \text{kg/s}}{\pi \cdot 10^{-2}\ \text{m} \cdot 1.836 \cdot 10^{-5}\ \text{Pa·s}} = 6953 \end{aligned}$$

y el número de Schmidt:

$$Sc = \frac{\nu}{D_{AB}} = \frac{\mu}{\rho D_{AB}}$$
$$Sc = \frac{1.836 \cdot 10^{-5} \text{ Pa·s}}{1.17 \text{ kg/m}^3 \cdot 2.6 \cdot 10^{-5} \text{ m}^2/\text{s}} = 0.604$$

Dado que estamos trabajando con gases y el régimen es desarrollado, podemos usar la correlación de Gnielinski (1976) modificada. Esta correlación nos permitirá estimar el coeficiente de transferencia de masa k'_c para el agua que se evapora desde la pared de la cañería:

$$Sh = \frac{(f/8) \cdot (Re - 1000) \cdot Sc}{1 + 12.7\sqrt{f/8}\,(Sc^{2/3} - 1)}$$

Donde el factor de fricción f de Darcy se define como:

$$f = \frac{1}{(0.79 \ln(Re) - 1.64)^2}$$
$$f = 0.0349$$

Con lo cual podemos reemplazar f en la correlación de Gnielinski para obtener el número adimensional de Sherwood:

$$Sh = 20.6$$

De esta forma, el coeficiente de transferencia de masa k'_c es igual a:

$$k'_c = \frac{Sh \cdot D_{AB}}{D} = \frac{20.6 \cdot 2.6 \cdot 10^{-5} \text{ m}^2/\text{s}}{1 \cdot 10^{-2} \text{ m}}$$
$$k'_c = 0.054 \text{ m/s}$$

Para poder responder a la pregunta sobre el largo de la cañería, debemos conocer cómo varía la presión parcial del agua en la corriente de aire como función del largo x. Aplicando un balance de masa estacionario para el vapor de agua en un volumen de control diferencial de la cañería:

$$U \cdot A \cdot C_A|_{x=x} + U \cdot A \cdot C_A|_{x=x+\Delta x} + k'_c\,(\pi D \Delta x)\,(C_{Aw} - C_A) = 0$$

Dividiendo por Δx y tomando el límite cuando $\Delta x \to 0$:

$$U \cdot A \cdot \frac{dC_A}{dx} + k'_c \pi D\,(C_{Aw} - C_A) = 0$$

donde U es la velocidad de flujo de aire; A es el área de sección de cañería; C_{Aw} es la concentración del vapor de agua en la interfaz agua-aire; y C_A es la concentración de agua en la corriente de aire. Nótese que en este caso se despreció el transporte por difusión, ya que es despreciable comparado con el transporte convectivo ($U \cdot A \cdot C_A$).

Para reemplazar C_A y C_{Aw} por presiones parciales, utilizaremos la ley de gases ideales:

$$\begin{aligned} C_A &= \frac{p_A}{RT} \\ C_{Aw} &= \frac{p_{Aw}}{RT} \end{aligned}$$

Nótese que p_{Aw} corresponde a la presión parcial del vapor de agua en la interfaz agua-aire. Por ser agua pura, el valor de p_{Aw} es igual a la presión de vapor del agua a la temperatura de interés del problema.

De esta forma, el balance diferencial se transforma en:

$$U \cdot A \cdot \frac{dp_A}{dx} + k_c' \pi D \left(p_{Aw} - p_A\right) = 0$$

Reordenando la ecuación anterior:

$$\frac{dp_A}{\left(p_{Aw} - p_A\right)} = \frac{k_c' \pi D}{UA} dx$$

Multiplicando y dividiendo por la densidad del aire:

$$\begin{aligned} \frac{dp_A}{\left(p_{Aw} - p_A\right)} &= \frac{k_c' \pi D \rho_{aire}}{UA\rho_{aire}} dx \\ \frac{dp_A}{\left(p_{Aw} - p_A\right)} &= \frac{k_c' \pi D \rho_{aire}}{\dot{m}} dx \end{aligned} \tag{3.79}$$

Integrando (3.79), obtenemos que:

$$\ln\left(p_{Aw} - p_A\right) = C_1 - \frac{k_c' \pi D \rho_{aire}}{\dot{m}} x \tag{3.80}$$

Para determinar la constante de integración C_1, aplicamos el hecho de que a la entrada de la cañería ($x = 0$) el aire entra seco, es decir, $p_A = 0$. Con lo cual se obtiene que:

$$C_1 = \ln\left(p_{Aw}\right)$$

Reemplazando la condición de borde C_1 en la ecuación (3.80), tendremos que:

$$\ln\left(\frac{p_{Aw} - p_A}{p_{Aw}}\right) = -\frac{k_c' \pi D \rho_{aire}}{\dot{m}} x \tag{3.81}$$

Ahora podemos utilizar la definición de saturación entregada en el enunciado, la cual nos permite relacionar el valor de p_A con p_{Aw}:

$$\begin{aligned} \frac{p_A}{p_{Aw}} &= 0.98 \\ p_A &= 0.98 p_{Aw} \end{aligned}$$

Finalmente, despejando x en la ecuación (3.81) y reemplazando los datos del problema, obtenemos el valor buscado para el largo de la cañería:

$$\begin{aligned} x &= -\frac{\dot{m}}{k_c' \pi D \rho_{aire}} \ln\left(\frac{p_{Aw}(1-0.98)}{p_{Aw}}\right) \\ x &= -\frac{1 \cdot 10^{-3}\ \text{kg/s}}{0.054\ \text{m/s} \cdot \pi \cdot 1 \cdot 10^{-2}\ \text{m} \cdot 1.17\ \text{kg/m}^3} \ln(1-0.98) \\ x &\approx 2.0\ \text{m} \end{aligned}$$

Nótese que si se hubiera utilizado la correlación de Dittus-Boelter, el largo de la cañería hubiera resultado ser igual a 1.8 m. Sin embargo, utilizamos la correlación de Gnielinski, porque el valor de Reynolds era inferior a $1 \cdot 10^4$.

3.3. Problemas propuestos

Problema 3.3.1. *Enfriamiento de una taza de café*

Considere dos tazas idénticas de café: una sin azúcar y la otra con varias cucharadas de azúcar en el fondo. Inicialmente ambas tazas se encuentran a la misma temperatura. ¿Habrá alguna diferencia en la rapidez inicial de enfriamiento del café? Si esa diferencia existe, ¿cuál de las dos se enfriará más rápidamente y por qué?

Problema 3.3.2. *Analogía*

¿Cuál es el nombre de la relación $f/2 = St \cdot Pr^{2/3} = St_{mass} \cdot Sc^{2/3}$?, ¿cuál es su importancia en ingeniería?

Problema 3.3.3. *Radio crítico de aislación*

Por una cañería circular fluye vapor saturado a una temperatura T_{sat}. La cañería posee radios internos y externos R_i y R_o, respectivamente; el coeficiente de convección entre el vapor y la cañería es h_i y su conductividad térmica es igual a k. La cañería pasa por una bodega cuya temperatura ambiente promedio es T_∞; el coeficiente de convección entre la cañería y el aire que la rodea es conocido e igual a h. La cañería tiene la opción de ser recubierta por un aislante térmico, tal como lana de vidrio (conductividad térmica k_v). A partir de esta información, responda:
(a) Encuentre cuáles deberían ser las pérdidas de calor, q, del vapor saturado al ambiente considerando que está recubierta con el aislante.
(b) Derive el denominador de la expresión encontrada en (a) con respecto al radio del aislante (R_f) e iguale la expresión a cero. Despeje el valor óptimo R_f. Sin necesidad de calcular una segunda derivada, el valor de R_f encontrado por usted, ¿es un mínimo o un máximo? Justifique su respuesta.
(c) ¿Qué implicaría en términos de aislar la cañería, para el caso en que el valor de R_f encontrado en (b) sea un mínimo o un máximo? Explique lo que sucedería en ambos casos.

Problema 3.3.4. *Evaporación de un meteorito*

Un meteorito metálico pequeño, de forma esférica y radio inicial R_i, ingresa perpendicularmente a la atmósfera a una velocidad constante U_0. El roce con los gases de la atmósfera genera calor en la superficie del cuerpo, de manera que sublima a una temperatura T_s. A esta temperatura la presión de vapor del material es p_v y el coeficiente de transferencia de masa es k_p. Determine el tiempo que demora el meteorito en evaporarse completamente.

Problema 3.3.5. *Enfriamiento de una esfera conductora*

Una esfera de metal altamente conductora se encuentra inicialmente a una temperatura T_e. Luego, esta se pone en contacto con una corriente de aire frío, la cual posee una temperatura T_f. El coeficiente de convección entre el fluido y la esfera es h. Determine la tasa de transferencia de calor al cabo de 2 minutos de haber introducido la esfera en la corriente de aire.

Estime además la energía total transferida desde la esfera hacia la corriente de aire al cabo de dos minutos.
Datos: $T_e = 1000°$F; $T_f = 80°$F; $h = 20$ BTU/(hpie^2°F); $k = 25$ BTU/(hpie°F); $\rho = 490$ lb/pie^3; $c_p = 0.11$ BTU/(lb°F), $r_{esf} = 0.25$ pulgadas.

Problema 3.3.6. *Uso de la solución analítica de una ecuación diferencial parcial*

Resuelva el problema *La mejor manera de enfriar una lata de bebida* utilizando la solución aproximada a la ecuación de transferencia de calor.

Problema 3.3.7. *Enfriamiento de un tubo largo*

Un tubo muy largo posee una temperatura superficial de 110°C. El tubo, de 1 m de diámetro, pasa por una zona abierta, la cual no está protegida contra los vientos. Determine la velocidad con que el tubo pierde calor por unidad de largo, cuando el aire está 10°C, y pasa a una velocidad de 8 m/s alrededor del tubo.

Problema 3.3.8. *Enfriamiento de una esfera de acero inoxidable*

Una esfera de acero inoxidable de 25 cm de diámetro ($\rho = 8.055$ kg/m^3, $c_p = 480$ J/(kg°C)) se extrae de un horno a una temperatura uniforme de 300°C. A continuación, la esfera se expone a un flujo de aire, el cual viaja a 3 m/s y se encuentra a 25°C. Transcurrido un cierto tiempo, la temperatura superficial de la esfera cae a 200°C. Determine el coeficiente de convección promedio durante el proceso de enfriamiento. Estime además, el tiempo que demoró la esfera en llegar a los 200°C.
Indicación: Considere para el cálculo del tiempo un flujo de calor promedio transferido por convección.

Problema 3.3.9. *Perfiles de temperatura en una chimenea*

Considere una chimenea de largo L (Fig. 3.9), de radio interno r_1, radio externo r_2, y conductividad térmica k. El humo de la chimenea tiene una temperatura promedio T_i, y el coeficiente de convección es igual a h_i. La superficie externa de la chimenea está expuesta a una corriente de aire, el cual se encuentra a una temperatura T_o; en este caso el coeficiente de convección es conocido e igual a h_o. Asumiendo estado estacionario y conducción unidireccional a través de la chimenea:
(a) Obtenga una ecuación que exprese la variación de temperatura a lo largo de la chimenea.
(b) Determine una relación para la temperatura en la superficie externa de la chimenea.

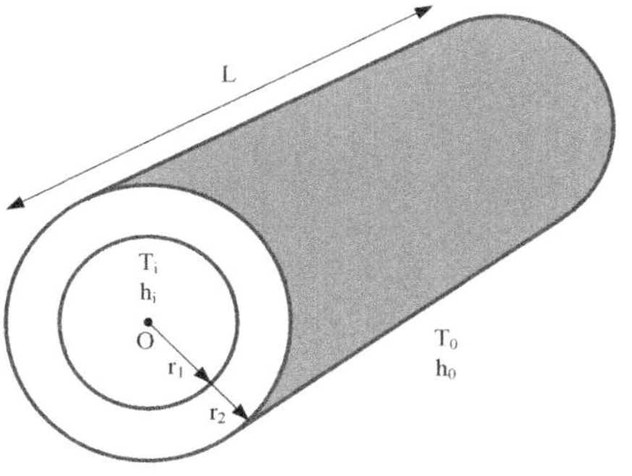

Figura 3.9: *Esquema de la chimenea.*

CAPÍTULO 4

Radiación y mecanismos múltiples de transferencia de calor

4.1. Radiación y convección

4.1.1. *Medición de la temperatura con una termocupla*

Una termocupla es utilizada para medir la temperatura de un gas que fluye a través de una cañería, como se indica en la Figura 4.1. La temperatura que indica la termocupla es T. El coeficiente de convección entre la termocupla y el gas es h. Cuando el sensor ha alcanzado el equilibrio térmico, determine la temperatura real del gas, si se sabe que la termocupla posee una emisividad ε y las paredes internas de la cañería se encuentran a una temperatura T_w.
Datos: $\sigma = 5.67 \cdot 10^{-8}$ W/(m^{2}K^4); $\varepsilon = 0.80$; $T = 777$ K; $T_w = 500$ K; $h = 142$ W/(m^{2}K).

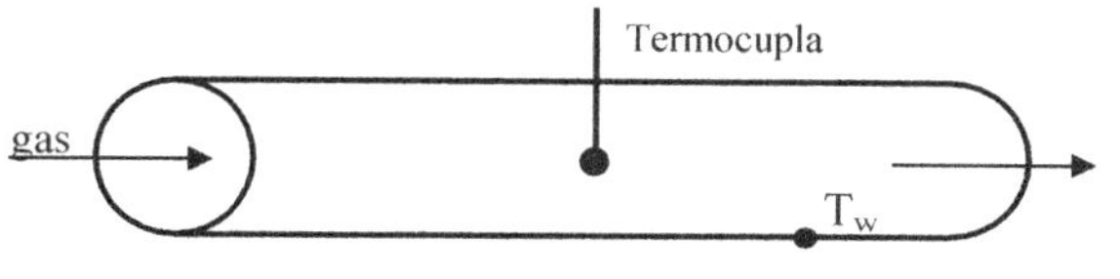

Figura 4.1: *Termocupla al interior de la cañería.*

Solución

La temperatura que mide la termocupla no es igual a la temperatura del medio. Si bien existe transferencia de calor por convección entre la termocupla y el gas, también existe intercambio de radiación entre la termocupla y las paredes de la cañería. Esto causa que la temperatura de equilibrio del sensor sea distinta a la de la corriente de gas que se desea medir.

La transferencia por convección está dada por:

$$q_{conv} = hA(T_{gas} - T)$$

La transferencia por radiación está dada por:

$$q_{rad} = \sigma\varepsilon \cdot A \cdot (T^4 - T_w^4)$$

Donde A es el área de transferencia de calor de la termocupla. Igualando la transferencia de calor por convección y radiación, se obtiene:

$$\begin{aligned} q_{rad} &= q_{conv} \\ \varepsilon\sigma A(T^4 - T_w^4) &= hA(T_{gas} - T) \end{aligned}$$

Despejando la temperatura del gas se obtiene:

$$\begin{aligned} T_{gas} &= T + \frac{\varepsilon\sigma}{h}(T^4 - T_w^4) \\ T_{gas} &= 777\text{ K} + \frac{0.8 \cdot 5.67 \cdot 10^{-8}\text{ W/(m}^2\text{K}^4)}{142\text{ W/(m}^2\text{K)}} \cdot (777^4 - 500^4)\text{ K}^4 \\ T_{gas} &= 873.5\text{ K} \end{aligned}$$

Nótese la gran diferencia que existe entre T y T_{gas}.

4.1.2. *Variación de la temperatura en una varilla cuando circula una corriente eléctrica*

Una varilla de diámetro D y resistencia eléctrica por unidad de longitud R_e, se encuentra inicialmente en equilibrio térmico con el aire del ambiente y sus alrededores. Este equilibrio se altera cuando una corriente eléctrica I pasa a través de la varilla. Plantee una ecuación que modele la variación de temperatura en la varilla con respecto al tiempo, una vez que se inicia el paso de la corriente.

Solución

Supuestos

- En todo tiempo t la temperatura de la varilla es uniforme, es decir, se asumirá un modelo de *parámetros concentrados.*
- Propiedades físicas constantes (ρ, c_p, ε).
- El intercambio de radiación entre la superficie exterior de la varilla y los alrededores ocurre entre una pequeña superficie y un recipiente grande.

Aplicando un balance de energía a un volumen de control de longitud L alrededor de la varilla, se tiene que:

$$\dot{E}_{gen} - \dot{E}_{sal} = \dot{E}_{acum}$$

Donde la generación de energía se debe al calentamiento de la resistencia eléctrica (efecto Joule):

$$\dot{E}_{gen} = I^2(R_e L)$$

El calor que sale del volumen de control se debe a los mecanismos de convección y radiación, de acuerdo con:

$$\dot{E}_{sal} = h\,(\pi D L)\,(T - T_\infty) + \varepsilon\sigma\,(\pi D L)\,\left(T^4 - T_{alr}^4\right)$$

El término de acumulación de energía es igual a:

$$\dot{E}_{acum} = \frac{dU_t}{dt} = \frac{d}{dt}\left(\rho V c_p T\right)$$

Donde ρ y c_p son la densidad y capacidad calorífica del material de la varilla, respectivamente. El volumen de la varilla es igual a $V = (\pi D^2/4)L$. Sustituyendo las ecuaciones en el balance de energía, se tiene que:

$$I^2(R_e L) - h(\pi D L)(T - T_\infty) - \varepsilon\sigma(\pi D L)(T^4 - T_{alr}^4) = \rho c_p \left(\frac{\pi D^2 L}{4}\right)\frac{dT}{dt}$$

Reordenando se obtiene finalmente la ecuación buscada:

$$\frac{dT}{dt} = \frac{I^2 R_e - \pi D h(T - T_\infty) - \pi D\varepsilon\sigma(T^4 - T_{alr}^4)}{\rho c_p(\pi D^2/4)}$$

4.1.3. *Análisis de la pared de un horno industrial*

La pared de un horno posee un espesor $L = 0.05$ m y su superficie externa está expuesta a alrededores y aire, ambos a 300 K.
(a) Si la temperatura de la superficie externa es de 400 K y el coeficiente de convección y la emisividad son $h = 20$ W/(m^{2}K) y $\varepsilon = 0.8$, respectivamente, ¿cuál es la temperatura de la superficie interna, si la pared tiene una conductividad térmica $k = 0.7$ W/(mK)?
(b) Considere condiciones en las que la temperatura de la superficie interna se mantiene a 600 K, mientras que el aire y los alrededores se mantienen a 300 K. Estudie los efectos al variar k, h y ε sobre (i) la temperatura de la superficie externa, (ii) el flujo de calor a través de la pared y (iii) los flujos de calor asociados con la transferencia de calor por convección y radiación de la superficie externa. Grafique cómo la transferencia de calor se ve afectada por cambios en los parámetros base $k = 10$ W/(mK), $h = 20$ W/(m^{2}K), y $\varepsilon = 0.5$. Los rangos sugeridos son $0.1 \leq k \leq 150$ W/(mK), $2 \leq h \leq 200$ W/(m^{2}K), y $0.05 \leq \varepsilon \leq 1$. Comente sus resultados. ¿En qué condiciones la temperatura de la superficie externa será menor a 45°C?

Solución

Supuestos

- Condiciones en estado estacionario.
- Conducción unidireccional.
- Intercambio de calor por radiación solo con los alrededores.

La siguiente figura muestra los aspectos más relevantes del problema:

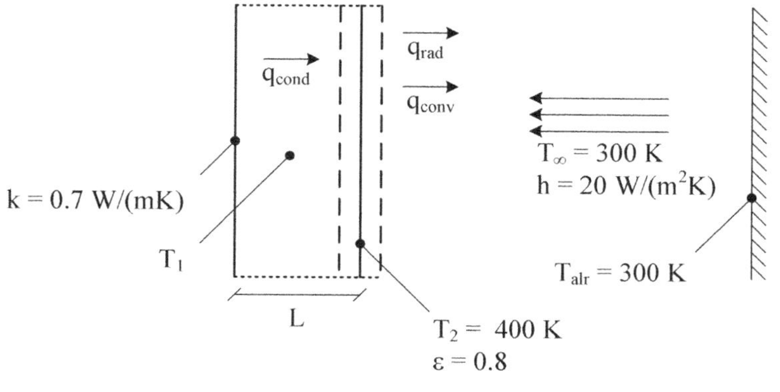

Figura 4.2: *Transferencia de calor en la pared del horno industrial.*

(a) Aplicando un balance de energía a la superficie de la pared (línea punteada), se tiene que:

$$\dot{E}_{ent} - \dot{E}_{sal} = 0$$

Los términos de entrada y salida son:

$$q_{cond} - q_{conv} - q_{rad} = 0$$

Reordenando y sustituyendo cada término de la ecuación anterior (considerando una base de área constante e igual para cada transferencia):

$$k\frac{T_1 - T_2}{L} = h(T_2 - T_\infty) + \varepsilon\sigma(T_2^4 - T_{alr}^4)$$

Sustituyendo por los valores numéricos, se obtiene:

$$\begin{aligned} T_1 - T_2 &= \frac{0.05 \text{ m}}{0.7 \text{ W/(mK)}}(2793.8 \text{ W/m}^2) \\ T_1 - T_2 &= 200 \text{ K} \end{aligned}$$

Dado que $T_2 = 400$ K, se tiene entonces que $T_1 = 600$ K.

(b) A continuación se muestran los efectos en la transferencia de calor variando los parámetros k, h y ε:

Variaciones en la conductividad k

Como se muestra en la Figura 4.3, cambios en k influyen fuertemente en T_2 cuando $k < 20$ W/(mK). En estos casos, a medida que el valor de k aumenta, T_2 tiende a T_1, y los distintos *fluxes* alcanzan valores constantes.

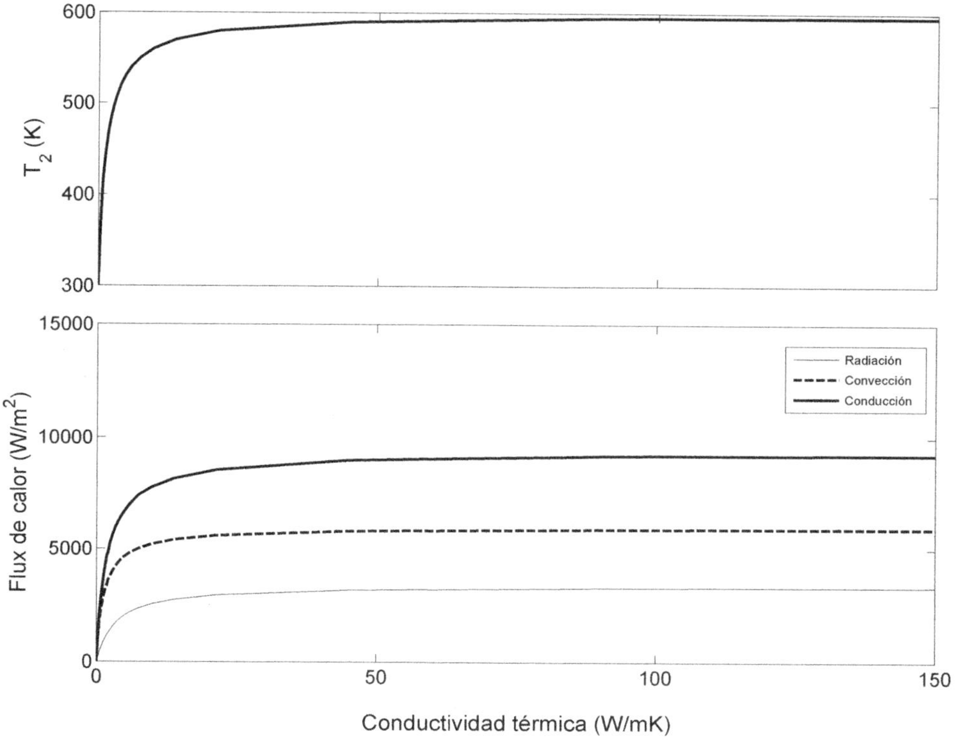

Figura 4.3: *Variación de k y su efecto sobre T_2 y los distintos fluxes de calor.*

Para valores de $k > 20$ W/(mK), no existen cambios significativos en la transferencia de calor. Nótese que la curva de conducción es igual a la suma de las curvas de radiación y convección. Por otra parte, *fluxes* mayores se pueden obtener incrementando ε y h, o bien diminuyendo T_∞ y T_{alr}.

Variaciones en el coeficiente de convección h

Como se aprecia en la Figura 4.4, al incrementar el coeficiente de convección h, la temperatura T_2 disminuye de manera importante. Además, al verse reducido el valor de T_2, manteniendo constantes los valores de k y L, el término q_{cond} aumenta. Esto último es debido a que el gradiente entre ambas caras de la pared aumenta al disminuir T_2.

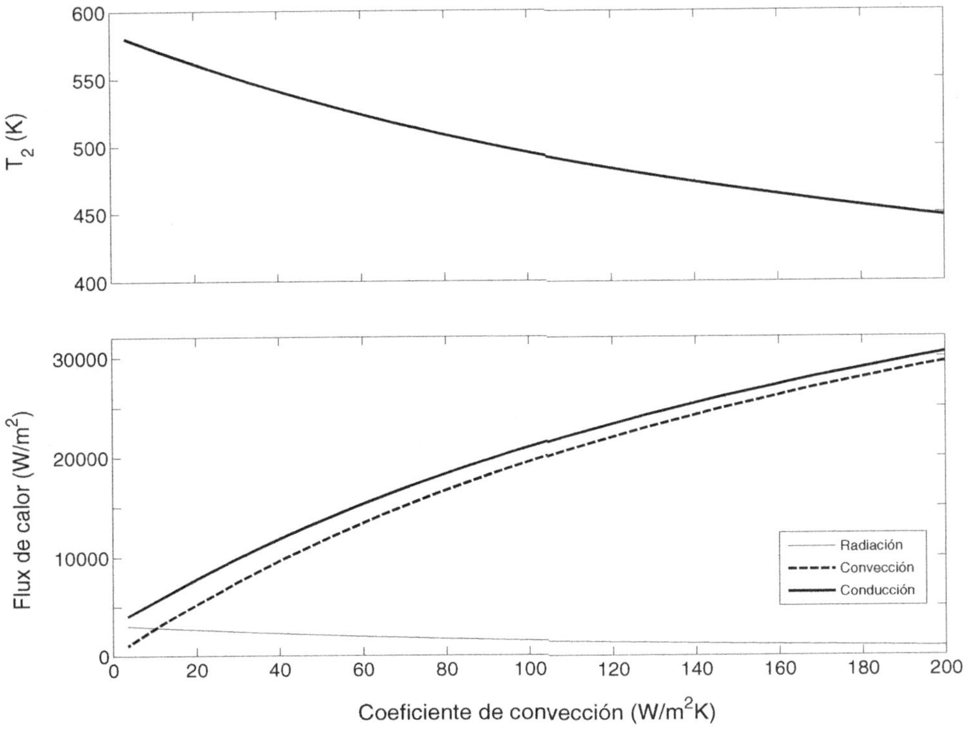

Figura 4.4: *Variación de h y su efecto sobre T_2 y los distintos fluxes de calor.*

Variaciones en la emisividad ε

Finalmente, como se aprecia en la Figura 4.5, la temperatura de la superficie de la pared (T_2) desciende al incrementar ε, debido a que las pérdidas de calor al ambiente aumentan. Nótese que el incremento en el *flux* de calor por radiación es directamente proporcional al incremento en la emisividad. Este aumento no afecta las pérdidas de calor por convección. Por último, la curva de conducción sigue el mismo comportamiento que la de radiación, ya que esta corresponde a la suma de las pérdidas de calor por convección y radiación.

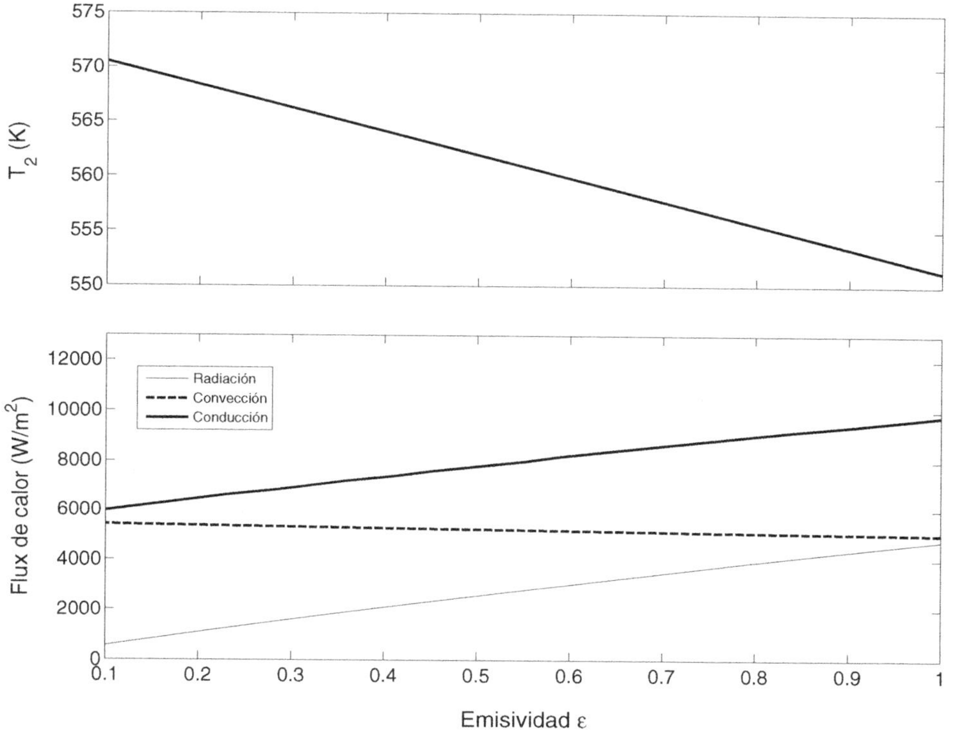

Figura 4.5: *Variación de ε y su efecto sobre T_2 y los distintos fluxes de calor.*

4.1.4. *Descarga de vapor de oxígeno desde un contenedor esférico*

Un contenedor esférico de 500 mm de diámetro externo, se encuentra a una temperatura de $-10°$C. El contenedor almacena oxígeno líquido, el cual tiene un punto de ebullición de 90 K y un calor latente de vaporización de 214 kJ/kg. El contenedor se almacena en un laboratorio cuyo aire y paredes se encuentran a 25°C.

(a) Si la emisividad de la superficie del contenedor es igual a 0.2 y el coeficiente de convección libre entre la superficie externa del contenedor y el aire es igual a 10 W/(m^{2}K), determine el flujo (en kg/s) al que debe descargarse vapor de oxígeno para que la temperatura del contenedor se mantenga constante.

(b) La humedad en el ambiente tendrá como resultado la formación de escarcha en el contenedor, lo que causará que la emisividad de la superficie aumente. Suponiendo que la temperatura de la superficie y el coeficiente de convección permanecen a $-10°$C y 10 W/(m^{2}K), respectivamente, calcule la rapidez de evaporación de oxígeno (en kg/s) como función de la emisividad de la superficie para el rango $0.2 \leq \varepsilon \leq 0.94$.

Solución

Supuestos

- El sistema se modelará en estado estacionario.
- La temperatura de la superfice exterior del contenedor es igual al punto de ebullición del oxígeno.

El siguiente esquema resume la situación de interés:

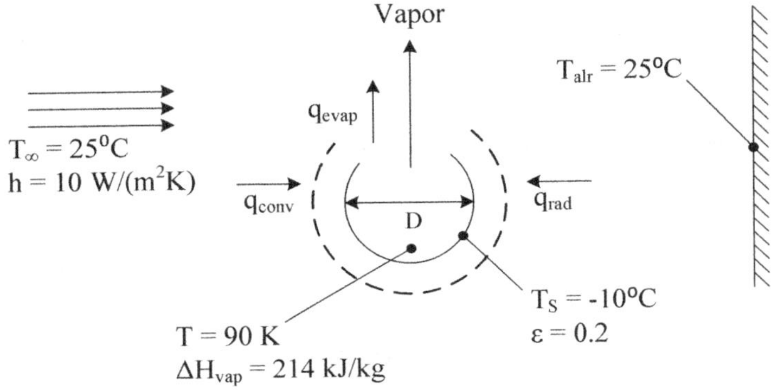

Figura 4.6: *Descarga del contenedor esférico.*

(a) Aplicando un balance de energía en estado estacionario alrededor del contenedor, se tiene que:

$$\dot{E}_{ent} - \dot{E}_{sal} = 0$$

En particular,

$$q_{conv} + q_{rad} - q_{evap} = 0$$

Donde el término de la pérdida evaporativa de calor corresponde al producto del flujo de vapor generado por el calor de vaporización. Reemplazando este término en la ecuación anterior, junto a los términos de transferencia de calor por convección y radiación, se tiene:

$$\left[h(T_\infty - T_s) + \varepsilon\sigma(T_{alr}^4 - T_s^4)\right] A - \dot{m}_{evap} \cdot \Delta H_{vap} = 0 \tag{4.1}$$

Despejando $\dot{m}_{evap}$ de la ecuación (4.1) resulta:

$$\dot{m}_{evap} = \frac{\left[h(T_\infty - T_s) + \varepsilon\sigma(T_{alr}^4 - T_s^4)\right]\pi D^2}{\Delta H_{vap}} \tag{4.2}$$

Finalmente, reemplazando en (4.2) por los datos del problema:

$$\begin{aligned} \dot{m}_{evap} &= \frac{(350 + 35.2)\ \mathrm{W/m^2} \cdot 0.785\ \mathrm{m^2}}{214\ \mathrm{kJ/kg}} \\ \dot{m}_{evap} &= 1.41 \cdot 10^{-3}\ \mathrm{kg/s} \end{aligned}$$

(b) Usando la ecuación (4.1), se puede determinar la tasa de formación de vapor para el rango de emisividad pedido. El efecto de un incremento en la emisividad del contenedor implica un aumento en la tasa de calor absorbida por este. Por ende, un aumento en la producción de vapor. Esto se refleja en el siguiente gráfico:

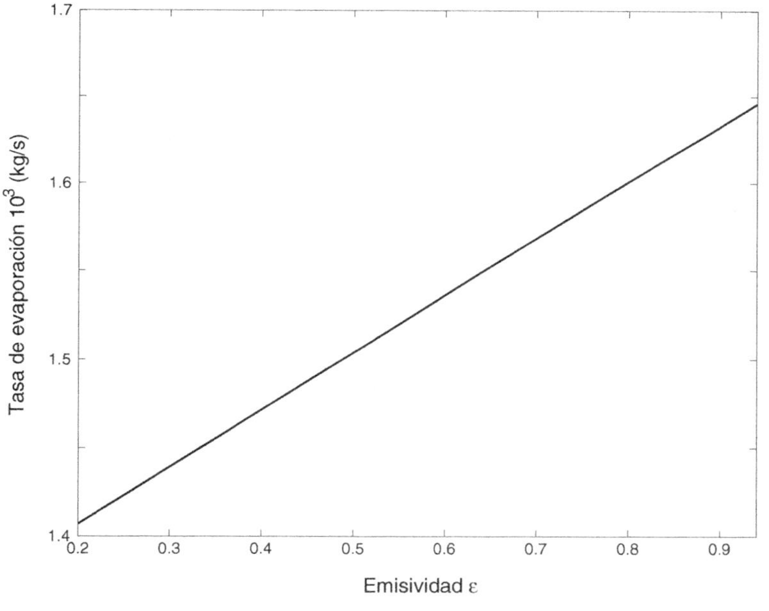

Figura 4.7: *Variación de la producción de vapor como función de la emisividad.*

Por lo tanto, para reducir las pérdidas de oxígeno debido a la producción de vapor, se debería aislar la superficie exterior del contenedor de manera de reducir q_{conv} y q_{rad}.

4.1.5. *Modelamiento de un colector solar plano*

Un flujo solar de 700 W/m^2 incide sobre un colector solar plano, el cual es utilizado para calentar agua*. El área del colector es de 3 m^2; 90 % de la radiación solar pasa a través de su cubierta de vidrio y es absorbida por la placa de absorción (el colector refleja el 10 % restante). El agua fluye por la tubería en la parte posterior de la placa y se calienta desde una temperatura de entrada T_i a una temperatura de salida T_o. La cubierta de vidrio se encuentra a 30°C; posee una emisividad igual a 0.94 y experimenta un intercambio de radiación con los alrededores a una temperatura equivalente de −10°C. El coeficiente de convección entre la cubierta de vidrio y el aire ($T_\infty = 25$°C) es de 10 $W/(m^2K)$.
(a) Obtenga una expresión para la rapidez con que se colecta calor útil por unidad de área de colector, q_u. Determine este valor.
(b) Calcule la elevación de temperatura del agua, $T_o - T_i$, si su flujo es de 0.01 kg/s. Asuma que el calor específico del agua es de 4179 J/(kgK).
(c) Si la eficiencia del colector (η) se define como la razón entre el calor útil colectado dividido por la energía solar que incide sobre el colector, ¿cuál es la eficiencia del colector solar?

Solución

Supuestos

- Condiciones de estado estacionario.
- No hay pérdidas de calor por los bordes laterales del colector.
- El área del colector es pequeña comparada con los alrededores.

La siguiente figura muestra los aspectos más relevantes del problema:

* (Ref. [5])

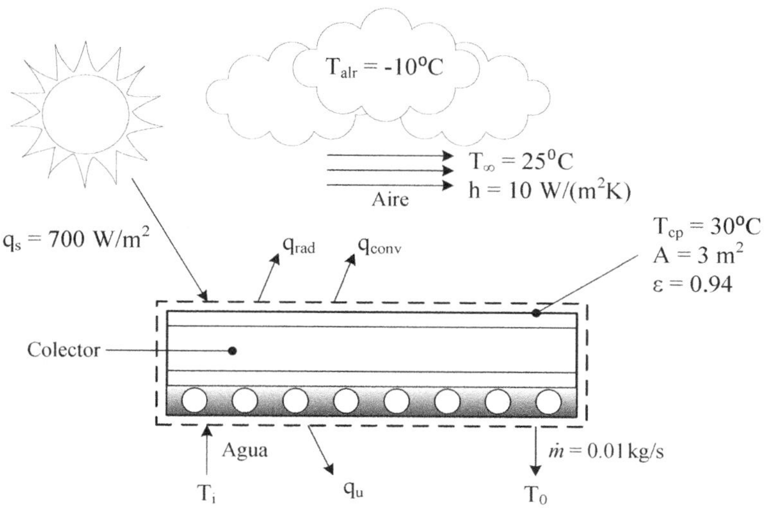

Figura 4.8: *Transferencia de calor en el colector solar.*

(a) Definiendo al colector como el volumen de control y escribiendo la ecuación de balance de energía, se tiene que:

$$\dot{E}_{ent} - \dot{E}_{sal} + \dot{E}_{gen} = \dot{E}_{acum}$$

Es decir,

$$q_{solar} - q_{rad} - q_{conv} = q_u$$

Donde $q_{solar} = 0.9q_s$; esto es, 90 % del *flux* solar es absorbido por el colector; por lo tanto, la cantidad de calor útil por unidad de área es:

$$q_u = 0.9q_s - \varepsilon\sigma(T_{cp}^4 - T_{alr}^4) - h(T_s - T_\infty)$$

Reemplazando por los datos del problema se obtiene que:

$$\begin{aligned} q_u &= 630 \text{ W/m}^2 - 194 \text{ W/m}^2 - 50 \text{ W/m}^2 \\ q_u &= 386 \text{ W/m}^2 \end{aligned}$$

(b) El calor útil total absorbido es igual a $q_u \cdot A$. Definiendo un volumen de control alrededor de las tuberías de agua, se tiene que el calor útil produce un incremento en su entalpía igual a

$$q_u A = \dot{m} c_p \Delta T$$

Donde $c_p(300 \text{ K}) = 4179 \text{ kJ/(kg°C)}$. Reemplazando los valores núméricos, se tiene que:

$$\Delta T = \frac{q_u A}{\dot{m} c_p}$$

$$T_o - T_i = \frac{386 \text{ W/m}^2 \cdot 3 \text{ m}^2}{0.01 \text{ kg/s} \cdot 4179 \text{ W/(kg°C)}} = 27.7°\text{C}$$

(c) Finalmente, de acuerdo con la definición de eficiencia entregada en el enunciado:

$$\eta = \frac{q_u}{q_s}$$

$$\eta = \frac{386 \text{ W/m}^2}{700 \text{ W/m}^2} = 0.55$$

4.1.6. *Temperatura al interior de un auto en verano*

En un caluroso día de verano, la intensidad de la radiación solar en Santiago[1] es igual a $G_{sol} = 850 \text{ W/m}^2$. El techo de un vehículo (ver Fig. 4.9) se comporta como un cuerpo gris, con una emisividad (ε) y absortividad (α) igual a 0.85. Si se modela al automóvil como una caja de paredes de vidrio (ventanas del auto) y con un techo como el descrito anteriormente, determine para el estado estacionario:
(a) La temperatura del techo al quedar expuesto al sol.
(b) La temperatura de los vidrios.
(c) La temperatura al interior del auto.
(d) ¿Qué solución propondría usted para reducir la temperatura al interior del auto?
Adicionalmente, considere los siguientes *supuestos simplificatorios*: se desprecia la transferencia de calor por radiación desde las ventanas, se desprecia la resistencia a la conducción en el techo, y la superficie inferior del auto se comporta como un aislante perfecto. Al interior del vehículo, el intercambio de calor por radiación se modela como $q = A_t \sigma F_{12}(T_{techo}^4 - T_{prom}^4)$, donde el *factor de visión*[2] F_{12} es igual a 0.4, y $T_{prom} = (T_{techo} + T_{vidrio})/2$.
Datos: Área del techo, $A_t = 1.8 \text{ m}^2$; área de los vidrios, $A_v = 2.6 \text{ m}^2$; coeficiente de convección aire-vidrio exterior, $h_{ae} = 10 \text{ W/(m}^2\text{K)}$; coeficiente de convección aire-vidrio interior, $h_{ai} = 4 \text{ W/(m}^2\text{K)}$; coeficiente de convección aire-metal exterior, $h_{me} = 12 \text{ W/(m}^2\text{K)}$; coeficiente de convección aire-metal interior, $h_{mi} = 4 \text{ W/(m}^2\text{K)}$; temperatura del aire, $T_\infty = 30°\text{C}$; temperatura de los alrededores, $T_{alr} = 10°\text{C}$.

[1] Ver http://www.bio.puc.cl/ediem/clima/resumen2003.htm

[2] Fracción de radiación que abandona la superficie 1 y es interceptada por la superficie 2. Para más detalle, ver por ejemplo, referencia [3] o [5].

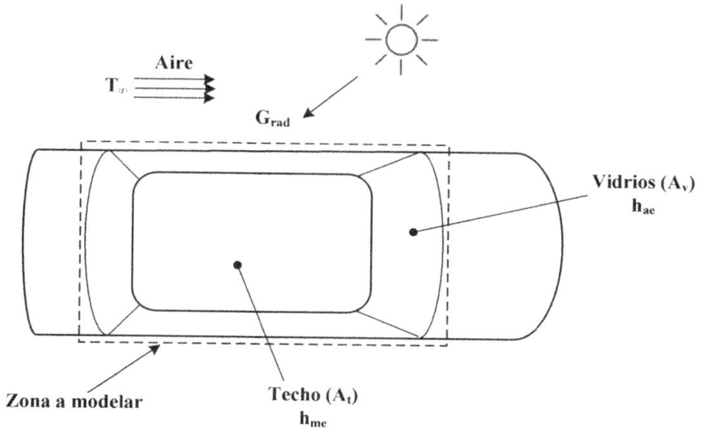

Figura 4.9: *Esquema del auto.*

Solución

Para resolver este problema planteareamos el balance de energía en estado estacionario, para cada uno de los componentes del auto; es decir, para el techo, el interior de este y los vidrios. A priori asumiremos que $T_{techo} > T_{int} > T_{vidrio}$.

(a) Balance en el techo:

$$q_{abs\ rad} - q_{per\ rad} - q_{per\ conv} = 0$$
$$\left(\alpha G_{sol} - \sigma\varepsilon(T_{techo}^4 - T_{alr}^4) - \sigma F_{12}(T_{techo}^4 - T_{prom}^4)\right) - h_{me}(T_{techo} - T_\infty) - h_{mi}(T_{techo} - T_{int}) = 0$$

En este caso, el techo emite radiación térmica a los alrededores y al interior del auto. Aquí aplicamos la indicación del enunciado, relativa al concepto de *factor de visión*. Nótese que el área A_t fue cancelada en todos los términos, debido a que es la misma en todos los casos.

(b) Balance al interior del auto:

$$q_{rad\ techo} + q_{conv\ techo} - q_{per\ conv\ vidrio} = 0$$
$$A_t\sigma F_{12}(T_{techo}^4 - T_{prom}^4) + A_t h_{mi}(T_{techo} - T_{int}) - A_v h_{ai}(T_{int} - T_{vidrio}) = 0$$

El interior del auto se calienta por radiación y convección provenientes del techo, y pierde calor por las ventanas por convección.

(c) Balance alrededor de los vidrios:

$$q_{abs\ conv\ interior} - q_{per\ conv\ ambiente} = 0$$
$$A_v h_{ai}(T_{int} - T_{vidrio}) - A_v h_{ae}(T_{vidrio} - T_{\infty}) = 0$$

Este balance implica que toda la energía que entra a las ventanas por convección sale al exterior por convección.

Finalmente, al resolver el sistema de tres ecuaciones no lineales y tres incógnitas se obtiene que[3]:

$$T_{techo} = 59.6°C$$
$$T_{int} = 50.8°C$$
$$T_{vidrio} = 35.9°C$$

Nótese que las temperaturas encontradas cumplen con $T_{techo} > T_{int} > T_{vidrio}$.

(d) Una manera de disminuir la radiación hacia el interior del auto, sería disminuyendo la emisividad del techo o dejando levemente abiertas las ventanas del vehículo.

APÉNDICE A

Formulario

A.1. Ecuación de continuidad

1. Ecuación general

$$\frac{\partial \rho}{\partial t} + \nabla \cdot \rho \vec{U} = 0 \tag{A.1}$$

   a) Coordenadas rectangulares:

$$\frac{\partial \rho}{\partial t} + \frac{\partial (\rho U_x)}{\partial x} + \frac{\partial (\rho U_y)}{\partial y} + \frac{\partial (\rho U_z)}{\partial z} = 0 \tag{A.2}$$

   b) Coordenadas cilíndricas:

$$\frac{\partial \rho}{\partial t} + \frac{1}{r}\frac{\partial (\rho r U_r)}{\partial r} + \frac{1}{r}\frac{\partial (\rho U_\theta)}{\partial \theta} + \frac{\partial (\rho U_z)}{\partial z} = 0 \tag{A.3}$$

   c) Coordenadas esféricas:

$$\frac{\partial \rho}{\partial t} + \frac{1}{r^2}\frac{\partial (\rho r^2 U_r)}{\partial r} + \frac{1}{r \sin\theta}\frac{\partial}{\partial \theta}(\rho U_\theta \sin\theta) + \frac{1}{r\sin\theta}\frac{\partial (\rho U_\phi)}{\partial \phi} = 0 \tag{A.4}$$

2. Ecuación de continuidad en estado estacionario y fluido incompresible

$$\nabla \cdot \vec{U} = 0 \tag{A.5}$$

   a) Coordenadas rectangulares:

$$\frac{\partial U_x}{\partial x} + \frac{\partial U_y}{\partial y} + \frac{\partial U_z}{\partial z} = 0 \tag{A.6}$$

b) Coordenadas cilíndricas:

$$\frac{1}{r}\frac{\partial\left(rU_r\right)}{\partial r}+\frac{1}{r}\frac{\partial U_\theta}{\partial \theta}+\frac{\partial U_z}{\partial z}=0 \tag{A.7}$$

c) Coordenadas esféricas:

$$\frac{1}{r^2}\frac{\partial\left(r^2U_r\right)}{\partial r}+\frac{1}{r\sin\theta}\frac{\partial}{\partial\theta}\left(U_\theta\sin\theta\right)+\frac{1}{r\sin\theta}\frac{\partial U_\phi}{\partial\phi}=0 \tag{A.8}$$

A.2. Ecuación de balance de masa para una especie

1. Ecuación general

$$\frac{\partial C_A}{\partial t} + \left(\nabla \cdot \vec{U}\right) C_A = \dot{C}_{A,G} + \left(\nabla \cdot D\vec{\nabla} C_A\right) - (C_A)\left(\nabla \cdot \vec{U}\right) \tag{A.9}$$

a) Coordenadas rectangulares medio incompresible:

$$\frac{\partial C_A}{\partial t} + U_x\frac{\partial C_A}{\partial x} + U_y\frac{\partial C_A}{\partial y} + U_z\frac{\partial C_A}{\partial z} = \dot{C}_{A,G} + \frac{\partial}{\partial x}\left(D\frac{\partial C_A}{\partial x}\right) + \frac{\partial}{\partial y}\left(D\frac{\partial C_A}{\partial y}\right) + \frac{\partial}{\partial z}\left(D\frac{\partial C_A}{\partial z}\right) \tag{A.10}$$

b) Coordenadas cilíndricas medio incompresible:

$$\frac{\partial C_A}{\partial t} + U_r\frac{\partial C_A}{\partial r} + \frac{U_\theta}{r}\frac{\partial C_A}{\partial \theta} + U_z\frac{\partial C_A}{\partial z} = \dot{C}_{A,G} + \frac{1}{r}\frac{\partial}{\partial r}\left(rD\frac{\partial C_A}{\partial r}\right) + \frac{1}{r^2}\frac{\partial}{\partial \theta}\left(D\frac{\partial C_A}{\partial \theta}\right) + \frac{\partial}{\partial z}\left(D\frac{\partial C_A}{\partial z}\right) \tag{A.11}$$

c) Coordenadas esféricas medio incompresible:

$$\frac{\partial C_A}{\partial t} + U_r\frac{\partial C_A}{\partial r} + \frac{U_\theta}{r}\frac{\partial C_A}{\partial \theta} + \frac{U_\phi}{r\sin\theta}\frac{\partial C_A}{\partial \phi} = \dot{C}_{A,G} + \frac{1}{r^2}\frac{\partial}{\partial r}\left(r^2 D\frac{\partial C_A}{\partial r}\right) + \frac{1}{r^2\sin\theta}\frac{\partial}{\partial \theta}\left(D\sin\theta\frac{\partial C_A}{\partial \theta}\right) + \frac{1}{r^2\sin^2\theta}\frac{\partial}{\partial \phi}\left(D\frac{\partial C_A}{\partial \phi}\right) \tag{A.12}$$

A.3. Ecuación de energía

1. Ecuación general

$$\frac{\partial\left(\rho c_p T\right)}{\partial t}+\left(\nabla\cdot\vec{U}\right)\left(\rho c_p T\right)=\dot{T}_G+\left[\nabla\cdot\alpha\vec{\nabla}\left(\rho c_p T\right)\right]-\left(\rho c_p T\right)\left(\nabla\cdot\vec{U}\right) \qquad (A.13)$$

   a) Coordenadas rectangulares medio incompresible:

$$\frac{\partial T}{\partial t}+U_x\frac{\partial T}{\partial x}+U_y\frac{\partial T}{\partial y}+U_z\frac{\partial T}{\partial z}=$$
$$\frac{\dot{T}_G}{\rho c_p}+\frac{\partial}{\partial x}\left(\alpha\frac{\partial T}{\partial x}\right)+\frac{\partial}{\partial y}\left(\alpha\frac{\partial T}{\partial y}\right)+\frac{\partial}{\partial z}\left(\alpha\frac{\partial T}{\partial z}\right) \qquad (A.14)$$

   b) Coordenadas cilíndricas medio incompresible:

$$\frac{\partial T}{\partial t}+U_r\frac{\partial T}{\partial r}+\frac{U_\theta}{r}\frac{\partial T}{\partial\theta}+U_z\frac{\partial T}{\partial z}=$$
$$\frac{\dot{T}_G}{\rho c_p}+\frac{1}{r}\frac{\partial}{\partial r}\left(r\alpha\frac{\partial T}{\partial r}\right)+\frac{1}{r^2}\frac{\partial}{\partial\theta}\left(\alpha\frac{\partial T}{\partial\theta}\right)+\frac{\partial}{\partial z}\left(\alpha\frac{\partial T}{\partial z}\right) \qquad (A.15)$$

   c) Coordenadas esféricas medio incompresible:

$$\frac{\partial T}{\partial t}+U_r\frac{\partial T}{\partial r}+\frac{U_\theta}{r}\frac{\partial T}{\partial\theta}+\frac{U_\phi}{r\sin\theta}\frac{\partial T}{\partial\phi}=$$
$$\frac{\dot{T}_G}{\rho c_p}+\frac{1}{r^2}\frac{\partial}{\partial r}\left(r^2\alpha\frac{\partial T}{\partial r}\right)+\frac{1}{r^2\sin\theta}\frac{\partial}{\partial\theta}\left(\alpha\sin\theta\frac{\partial T}{\partial\theta}\right)+\frac{1}{r^2\sin^2\theta}\frac{\partial}{\partial\phi}\left(\alpha\frac{\partial T}{\partial\phi}\right) \qquad (A.16)$$

A.4. Ecuación de conservación de momentum –Ecuación de Navier-Stokes

1. Ecuación de Navier-Stokes en forma vectorial para fluidos con ρ y μ constantes (solo en coordenadas rectangulares):

$$\frac{\partial \vec{U}}{\partial t} + \left(\nabla \cdot \vec{U}\right)\vec{U} = -\frac{1}{\rho}\vec{\nabla}p + \vec{g} + \nu\left(\nabla^2\vec{U}\right) \tag{A.17}$$

2. Ecuación de Navier-Stokes por componentes para fluidos con ρ y μ constantes en distintas coordenadas:

   a) Coordenadas rectangulares:

$$\hat{x} : \frac{\partial U_x}{\partial t} + U_x\frac{\partial U_x}{\partial x} + U_y\frac{\partial U_x}{\partial y} + U_z\frac{\partial U_x}{\partial z} = -\frac{1}{\rho}\left(\frac{\partial p}{\partial x}\right) + g_x + \nu\left(\frac{\partial^2 U_x}{\partial x^2} + \frac{\partial^2 U_x}{\partial y^2} + \frac{\partial^2 U_x}{\partial z^2}\right) \tag{A.18}$$

$$\hat{y} : \frac{\partial U_y}{\partial t} + U_x\frac{\partial U_y}{\partial x} + U_y\frac{\partial U_y}{\partial y} + U_z\frac{\partial U_y}{\partial z} = -\frac{1}{\rho}\left(\frac{\partial p}{\partial y}\right) + g_y + \nu\left(\frac{\partial^2 U_y}{\partial x^2} + \frac{\partial^2 U_y}{\partial y^2} + \frac{\partial^2 U_y}{\partial z^2}\right) \tag{A.19}$$

$$\hat{z} : \frac{\partial U_z}{\partial t} + U_x\frac{\partial U_z}{\partial x} + U_y\frac{\partial U_z}{\partial y} + U_z\frac{\partial U_z}{\partial z} = -\frac{1}{\rho}\left(\frac{\partial p}{\partial z}\right) + g_z + \nu\left(\frac{\partial^2 U_z}{\partial x^2} + \frac{\partial^2 U_z}{\partial y^2} + \frac{\partial^2 U_z}{\partial z^2}\right) \tag{A.20}$$

   b) Coordenadas cilíndricas:

$$\hat{r} : \frac{\partial U_r}{\partial t} + U_r\frac{\partial U_r}{\partial r} + \frac{U_\theta}{r}\frac{\partial U_r}{\partial \theta} + U_z\frac{\partial U_r}{\partial z} - \frac{U_\theta^2}{r} = -\frac{1}{\rho}\left(\frac{\partial p}{\partial r}\right) + g_r + \nu\frac{\partial^2 U_r}{\partial r^2} + \frac{\nu}{r}\frac{\partial U_r}{\partial r} - \frac{\nu U_r}{r^2} + \frac{\nu}{r^2}\frac{\partial^2 U_r}{\partial \theta^2} - \frac{2\nu}{r^2}\frac{\partial U_\theta}{\partial \theta} + \nu\frac{\partial^2 U_r}{\partial z^2} \tag{A.21}$$

$$\hat{\theta} : \frac{\partial U_\theta}{\partial t} + U_r\frac{\partial U_\theta}{\partial r} + \frac{U_\theta}{r}\frac{\partial U_\theta}{\partial \theta} + U_z\frac{\partial U_\theta}{\partial z} + \frac{U_r U_\theta}{r} = -\frac{1}{\rho r}\left(\frac{\partial p}{\partial \theta}\right) + g_\theta + \nu\frac{\partial^2 U_\theta}{\partial r^2} + \frac{\nu}{r}\frac{\partial U_\theta}{\partial r} - \frac{\nu U_\theta}{r^2} + \frac{\nu}{r^2}\frac{\partial^2 U_\theta}{\partial \theta^2} + \frac{2\nu}{r^2}\frac{\partial U_r}{\partial \theta} + \nu\frac{\partial^2 U_\theta}{\partial z^2} \tag{A.22}$$

$$\hat{z}: \frac{\partial U_z}{\partial t} + U_r \frac{\partial U_z}{\partial r} + \frac{U_\theta}{r}\frac{\partial U_z}{\partial \theta} + U_z \frac{\partial U_z}{\partial z} = -\frac{1}{\rho}\left(\frac{\partial p}{\partial z}\right) + g_z + \nu \frac{\partial^2 U_z}{\partial r^2} + \frac{\nu}{r}\frac{\partial U_z}{\partial r} + \frac{\nu}{r^2}\frac{\partial^2 U_z}{\partial \theta^2} + \nu \frac{\partial^2 U_z}{\partial z^2} \quad \text{(A.23)}$$

c) Coordenadas esféricas:

$$\hat{r}: \frac{\partial U_r}{\partial t} + U_r \frac{\partial U_r}{\partial r} + \frac{U_\theta}{r}\frac{\partial U_r}{\partial \theta} + \left(\frac{U_\phi}{r\sin\theta}\right)\frac{\partial U_r}{\partial \phi} - \frac{U_\theta^2}{r} - \frac{U_\phi^2}{r} = -\frac{1}{\rho}\left(\frac{\partial p}{\partial r}\right) + g_r + \frac{\nu}{r^2}\left(\frac{\partial}{\partial r}\left(r^2\frac{\partial U_r}{\partial r}\right)\right) + \left(\frac{\nu}{r^2\sin\theta}\right)\frac{\partial}{\partial \theta}\left(\sin\theta\frac{\partial U_r}{\partial \theta}\right) + \left(\frac{\nu}{r^2\sin^2\theta}\right)\left(\frac{\partial^2 U_r}{\partial \phi^2}\right) - \frac{2\nu U_r}{r^2} - \frac{2\nu}{r^2}\frac{\partial U_\theta}{\partial \theta} - \frac{2\nu U_\theta \cot\theta}{r^2} - \left(\frac{2\nu}{r^2\sin\theta}\right)\frac{\partial U_\phi}{\partial \phi} \quad \text{(A.24)}$$

$$\hat{\theta}: \frac{\partial U_\theta}{\partial t} + U_r \frac{\partial U_\theta}{\partial r} + \frac{U_\theta}{r}\frac{\partial U_\theta}{\partial \theta} + \left(\frac{U_\phi}{r\sin\theta}\right)\frac{\partial U_\theta}{\partial \phi} + \frac{U_r U_\theta}{r} - \frac{U_\phi^2 \cot\theta}{r} = -\frac{1}{\rho r}\left(\frac{\partial p}{\partial \theta}\right) + g_\theta + \frac{\nu}{r^2}\left(\frac{\partial}{\partial r}\left(r^2\frac{\partial U_\theta}{\partial r}\right)\right) + \left(\frac{\nu}{r^2\sin\theta}\right)\frac{\partial}{\partial \theta}\left(\sin\theta\frac{\partial U_\theta}{\partial \theta}\right) + \left(\frac{\nu}{r^2\sin^2\theta}\right)\left(\frac{\partial^2 U_\theta}{\partial \phi^2}\right) + \frac{2\nu}{r^2}\frac{\partial U_r}{\partial \theta} - \left(\frac{\nu U_\theta}{r^2\sin^2\theta}\right) - \left(\frac{2\nu\cos\theta}{r^2\sin^2\theta}\right)\frac{\partial U_\phi}{\partial \phi} \quad \text{(A.25)}$$

$$\hat{\phi}: \frac{\partial U_\phi}{\partial t} + U_r \frac{\partial U_\phi}{\partial r} + \frac{U_\theta}{r}\frac{\partial U_\phi}{\partial \theta} + \left(\frac{U_\phi}{r\sin\theta}\right)\frac{\partial U_\phi}{\partial \phi} + \frac{U_r U_\phi}{r} + \frac{U_\theta U_\phi \cot\theta}{r} = -\frac{1}{\rho r\sin\theta}\left(\frac{\partial p}{\partial \phi}\right) + g_\phi + \frac{\nu}{r^2}\left(\frac{\partial}{\partial r}\left(r^2\frac{\partial U_\phi}{\partial r}\right)\right) + \left(\frac{\nu}{r^2\sin\theta}\right)\frac{\partial}{\partial \theta}\left(\sin\theta\frac{\partial U_\phi}{\partial \theta}\right) + \left(\frac{\nu}{r^2\sin^2\theta}\right)\left(\frac{\partial^2 U_\phi}{\partial \phi^2}\right) - \left(\frac{\nu U_\phi}{r^2\sin^2\theta}\right) + \left(\frac{2\nu}{r^2\sin\theta}\right)\frac{\partial U_r}{\partial \phi} + \left(\frac{2\nu\cos\theta}{r^2\sin^2\theta}\right)\frac{\partial U_\theta}{\partial \phi} \quad \text{(A.26)}$$

A.5. Componentes del tensor de esfuerzos

1. Coordenadas rectangulares:

$$\tau_{xx} = -\mu\left[2\frac{\partial U_x}{\partial x} - \frac{2}{3}\left(\nabla\cdot\vec{U}\right)\right] \tag{A.27}$$

$$\tau_{yy} = -\mu\left[2\frac{\partial U_y}{\partial y} - \frac{2}{3}\left(\nabla\cdot\vec{U}\right)\right] \tag{A.28}$$

$$\tau_{zz} = -\mu\left[2\frac{\partial U_z}{\partial z} - \frac{2}{3}\left(\nabla\cdot\vec{U}\right)\right] \tag{A.29}$$

$$\tau_{xy} = \tau_{yx} = -\mu\left[\frac{\partial U_x}{\partial y} + \frac{\partial U_y}{\partial x}\right] \tag{A.30}$$

$$\tau_{yz} = \tau_{zy} = -\mu\left[\frac{\partial U_y}{\partial z} + \frac{\partial U_z}{\partial y}\right] \tag{A.31}$$

$$\tau_{zx} = \tau_{xz} = -\mu\left[\frac{\partial U_z}{\partial x} + \frac{\partial U_x}{\partial z}\right] \tag{A.32}$$

2. Coordenadas cilíndricas:

$$\tau_{rr} = -\mu\left[2\frac{\partial U_r}{\partial r} - \frac{2}{3}\left(\nabla\cdot\vec{U}\right)\right] \tag{A.33}$$

$$\tau_{\theta\theta} = -\mu\left[2\left(\frac{1}{r}\frac{\partial U_\theta}{\partial \theta} + \frac{U_r}{r}\right) - \frac{2}{3}\left(\nabla\cdot\vec{U}\right)\right] \tag{A.34}$$

$$\tau_{zz} = -\mu\left[2\frac{\partial U_z}{\partial z} - \frac{2}{3}\left(\nabla\cdot\vec{U}\right)\right] \tag{A.35}$$

$$\tau_{r\theta} = \tau_{\theta r} = -\mu\left[r\frac{\partial}{\partial r}\left(\frac{U_\theta}{r}\right) + \frac{1}{r}\frac{\partial U_r}{\partial \theta}\right] \tag{A.36}$$

$$\tau_{\theta z} = \tau_{z\theta} = -\mu\left[\frac{\partial U_\theta}{\partial z} + \frac{1}{r}\frac{\partial U_z}{\partial \theta}\right] \tag{A.37}$$

$$\tau_{zr} = \tau_{rz} = -\mu\left[\frac{\partial U_z}{\partial r} + \frac{\partial U_r}{\partial z}\right] \tag{A.38}$$

3. Coordenadas esféricas:

$$\tau_{rr} = -\mu\left[2\frac{\partial U_r}{\partial r} - \frac{2}{3}\left(\nabla\cdot\vec{U}\right)\right] \tag{A.39}$$

$$\tau_{\theta\theta} = -\mu\left[2\left(\frac{1}{r}\frac{\partial U_\theta}{\partial\theta} + \frac{U_r}{r}\right) - \frac{2}{3}\left(\nabla\cdot\vec{U}\right)\right] \tag{A.40}$$

$$\tau_{\phi\phi} = -\mu\left[2\left(\frac{1}{r\sin\theta}\frac{\partial U_\phi}{\partial\phi} + \frac{U_r}{r} + \frac{U_\theta\cot\theta}{r}\right) - \frac{2}{3}\left(\nabla\cdot\vec{U}\right)\right] \tag{A.41}$$

$$\tau_{r\theta} = \tau_{\theta r} = -\mu\left[r\frac{\partial}{\partial r}\left(\frac{U_\theta}{r}\right) + \frac{1}{r}\frac{\partial U_r}{\partial\theta}\right] \tag{A.42}$$

$$\tau_{\theta\phi} = \tau_{\phi\theta} = -\mu\left[\frac{\sin\theta}{r}\frac{\partial}{\partial\theta}\left(\frac{U_\phi}{\sin\theta}\right) + \frac{1}{r\sin\theta}\frac{\partial U_\theta}{\partial\phi}\right] \tag{A.43}$$

$$\tau_{\phi r} = \tau_{r\phi} = -\mu\left[\frac{1}{r\sin\theta}\frac{\partial U_r}{\partial\phi} + r\frac{\partial}{\partial r}\left(\frac{U_\phi}{r}\right)\right] \tag{A.44}$$

A.6. Grupos adimensionales relevantes

Nombre	Fórmula	Características principales
Número de Biot (Bi)	$\frac{hL_c}{k_{sólido}}$	Razón entre la resistencia de la transferencia de calor conductiva y convectiva. Determina la uniformidad de la temperatura del sólido.
Coeficiente de fricción (C_f)	$\frac{\tau_s}{\rho U^2/2}$	Esfuerzo cortante superficial adimensional.
Número de Fourier (Fo)	$\frac{\alpha t}{L_c^2}$	Razón entre la rapidez de la conducción de calor y la rapidez de almacenamiento de energía térmica en un sólido. Tiempo adimensional.
Factor de fricción (f)	$\frac{\Delta p}{(L/D)(\rho U_m^2/2)}$	Caída de presión adimensional para flujo interno.
Número de Grashof (Gr)	$\frac{g\beta(T_s - T_\infty)L_c^3}{\nu^2}$	Razón entre la fuerza boyante debido a la convección natural y la fuerza viscosa.
Factor j de Colburn (j_H)	$St \cdot Pr^{2/3}$	Coeficiente de transferencia de calor adimensional.
Factor j de Colburn (j_m)	$St_m \cdot Sc^{2/3}$	Coeficiente de transferencia de masa adimensional.
Número de Nusselt (Nu)	$\frac{hL_c}{k_{fluido}}$	Gradiente de temperatura adimensional en la superficie. Se utiliza para calcular el coeficiente de transferencia de calor h.
Número de Prandtl (Pr)	$\frac{\nu}{\alpha}$	Razón entre la difusividad de momentum y térmica.

Nombre	Fórmula	Características principales
Número de Rayleigh (Ra)	$\frac{g\beta(T_s - T_\infty)L_c^3}{\alpha\nu}$ $Gr \cdot Pr$	Razón entre la convección natural y el transporte de calor difusivo.
Número de Reynolds (Re_L)	$\frac{UL_c}{\nu} = \frac{\rho UL_c}{\mu}$	Razón entre las fuerzas de inercia y viscosas. Determina la transición a la turbulencia.
Número de Schmidt (Sc)	$\frac{\nu}{D_{AB}}$	Razón entre las difusividades de momento y masa.
Número de Sherwood (Sh)	$\frac{k_m L_c}{D_{AB}}$	Gradiente de concentración adimensional en la superficie. Se utiliza para calcular el coeficiente de transferencia de masa k_m.
Número de Stanton (St)	$\frac{h}{\rho U c_p} = \frac{Nu}{Re \cdot Pr}$	Número de Nusselt modificado.
Número de Stanton (St_m)	$\frac{k_m}{U} = \frac{Sh}{Re \cdot Sc}$	Número de Sherwood modificado.

APÉNDICE B

Respuestas problemas propuestos

Capítulo 1

1.4.2 Todos verticales hacia arriba, exceptuando (d).

1.4.3 $6.57 \cdot 10^{-10}$ kmol/s

1.4.4 (a) 0.13 J/s
(b) 1.4 g

1.4.5 0.02 Ns/m^2

1.4.6 36 mL

1.4.7 (a) 115.3°C
(b) 0.2 cm

Capítulo 2

2.4.1 $F = 2\pi L\mu(V_1 + V_2)/\ln(R_2/R_1)$

2.4.2 (a) -2.12 J/s
(b) $T(x) = T_1 + (T_1 - T_2)\left(\frac{x^{-1}-x_1^{-1}}{x_1^{-1}-x_2^{-1}}\right)$

2.4.3 (a) $\tau = \dot{M}_G \cdot x$
(b) $v(x) = \dot{M}_G(B^2 - x^2)/2\mu$

2.4.4 $U = -\Delta P R^2/(\mu L(n+4))$

2.4.6 -0.544 kg/(s^{2}m)

Capítulo 3

3.3.1 Sí, existe diferencia entre las tazas: la que posee varias cucharadas de azúcar se enfriará más lentamente.

3.3.2 Se conoce como la analogía de Chilton-Colburn. Su importancia radica en que permite determinar los coeficientes de fricción, transferencia de calor y masa solo cuando uno de ellos es medido o conocido.

3.3.3 (a) $q = (T_{sat} - T_\infty)/(1/A_i h_i + \ln(R_o/R_i)/(2\pi k L) + \ln(R_f/R_i)/(2\pi k v L) + 1/A_f h)$
(b) $R_f = kv/h$ es un mínimo de la ecuación.
(c) Si R_f es mínimo, q es máximo y viceversa.

3.3.4 $t = R_i\rho/(k_p p_v)$ $(k_p = k_c'/RT)$

3.3.5 $Bi = 0.0056$; $T(120 \text{ s}) \approx 235°\text{F}$; $q(120 \text{ s}) = 16.9$ BTU/h; $Q = 1.56$ BTU

3.3.7 $\bar{q}_L = 5473$ W/m

3.3.8 $\bar{h} = 1$ W/(m^2K); t = 72.8 s

3.3.9 (a) $T(r) = T_i + (\ln\left(\frac{r}{r_1}\right) + \frac{k}{h_i r_1})/(\ln\left(\frac{r_2}{r_1}\right) + \frac{k}{h_i r_1} + \frac{k}{h_o r_2})$
(b) $T(r_2) = T_i + (\ln\left(\frac{r_2}{r_1}\right) + \frac{k}{h_i r_1})/(\ln\left(\frac{r_2}{r_1}\right) + \frac{k}{h_i r_1} + \frac{k}{h_o r_2})$

Bibliografía

1. Bird, R.B., Stewart, W.E., Lightfoot, E.N. (2002). *Transport phenomena*. John Wiley & Sons Inc., 2nd edition, New York.
   Esta es la segunda edición de un clásico de la ingeniería química. A pesar de que la primera edición fue publicada en 1960, hasta hoy es un texto muy vigente. BSL, como es conocido con cariño; destaca por presentar de manera sistemática los fundamentos y por unificar la transferencia de calor, masa y momentum. El libro posee muy buenos ejemplos y problemas, y algunos de ellos resaltan por su alta dificultad matemática. En definitiva, es un texto muy apropiado para un curso de postgrado.

2. Brodkey, R.S., Hershey, H.C. (1988). *Transport phenomena: a unified approach*. McGraw-Hill, New York.
   Actualmente, este texto forma parte del curso IIQ2002 Fenómenos de Transporte, dictado en la Escuela de Ingeniería UC. Sobresale por su enfoque unificador, con un lenguaje (inglés) simple y directo. Estas características lo convierten en una muy buena opción para un curso de pregrado. Los ejemplos y problemas propuestos no poseen una gran dificultad, pero estimulan la comprensión de los conceptos fundamentales.

3. Cengel, Y.A. (2002). *Heat transfer: a practical approach*. McGraw-Hill, 2nd edition, New York.
   Texto ameno y actualizado en el área de transferencia de calor. Posee una gran variedad de temas y problemas propuestos. Muy buen texto de apoyo en el área.

4. Geankoplis, C. (1993). *Transport processes and unit operations*. Prentice-Hall, Inc., 3rd edition, New Jersey.
   Este libro integra de manera fácil y amena conceptos de transferencia de masa, calor y momentun. A partir de estos fundamentos el autor aborda aplicaciones en el ámbito de las operaciones unitarias. Recomendable para un curso de Operaciones Unitarias de dos semestres de duración.

5. Incropera, F.P., DeWitt, D.P. (1999). *Fundamentos de la transferencia de calor.* Prentice-Hall, 4ta edición, México.
Es una referencia obligatoria en el área de transferencia de calor. Se destaca por una presentación clara y amena, con una gran variedad de problemas. Posee un capítulo dedicado a la transferencia de masa. Si bien actualmente se encuentra en su séptima edición, esta es la única versión en español.

6. Perry, R.H., Green, D.W. (2007). *Perry's Chemical Engineers' Handbook.* McGraw-Hill, 8th edition, New York.
Manual obligatorio de consulta para cualquier ingeniero químico y afín. Aquí se pueden encontrar propiedades físicas de compuestos, junto a cientos de correlaciones y fórmulas de uso cotidiano para el diseño o dimensionamiento de equipos.

7. Russell, T.W.F., Robinson, A., Wagner N. (2008). *Mass and heat transfer.* Cambridge University Press, New York.
Texto con un fuerte enfoque práctico. Destaca por el uso de distintos niveles de análisis de los problemas, junto a una fuerte discusión de conceptos.

8. Tosun, I. (2007). *Modeling in transport phenomena: a conceptual approach.* Elsevier Science, 2nd edition, The Netherlands.
Este texto posee un enfoque claro y balanceado entre teoría, análisis y ecuaciones. A esto se suma una cantidad importante de problemas prácticos e interesantes.

Made in the USA
Monee, IL
22 October 2026

66405503R00096